U0325598

兔病诊治关键技术一点通

东红 李 存 赵三元 著

河北出版传媒集团
河北科学技术出版社

图书在版编目（CIP）数据

　　兔病诊治关键技术一点通 / 李东红，李存，赵三元
著 . -- 石家庄 : 河北科学技术出版社，2017.4（2018.7 重印）
　　ISBN 978-7-5375-8281-0

　　Ⅰ . ①兔… Ⅱ . ①李… ②李… ③赵… Ⅲ . ①兔病—
诊疗 Ⅳ . ① S858.291

　　中国版本图书馆 CIP 数据核字 (2017) 第 030934 号

兔病诊治关键技术一点通

李东红　　李　存　　赵三元　　著

出版发行：	河北出版传媒集团　　河北科学技术出版社	
地　　址：	石家庄市友谊北大街 330 号（邮编：050061）	
印　　刷：	天津一宸印刷有限公司	
开　　本：	710mm×1000mm　　1/16	
印　　张：	10	
字　　数：	128 千字	
版　　次：	2017 年 7 月第 1 版	
印　　次：	2018 年 7 月第 2 次印刷	
定　　价：	32.80 元	

如发现印、装质量问题，影响阅读，请与印刷厂联系调换。

厂址：天津市子牙循环经济产业园区八号路 4 号 A 区

电话：（022）28859861　　邮编：301605

兔病是指兔由于受各种致病因素的作用，兔机体发生代谢障碍或受到损伤并表现一定的临诊症状，致使兔的生产能力和利用价值下降，甚至丧失。

兔是一种养殖成本低、效益高的经济动物。兔以青粗饲料为主、精料为辅；兔的皮为制革的原料，毛是高级的纺织原料，皮毛可以制服饰，兔的肉及部分内脏可以食用，兔的骨骼及屠宰副产品经处理后可作为畜禽饲料，兔的粪便经处理后可加工成饲料或用于农家肥等等，养兔具有广阔的前景。兔的性情温顺，与其他动物相比兔比较娇气，即抵抗力较差，易受多种致病因素的侵袭而发病，从而影响正常生产并造成一定的经济损失，所以，养好兔要掌握一定的饲养技术。但养殖成败的关键则在于对疾病防治知识的掌握和在生产实践中的正确应用，做到积极并有目的的预防、准确快速的诊断和及时有效的治疗疾病，以达到减少损失、增加效益的目的。为此，我们总结了多年的临诊经验，参阅了大量的相关资料，主要针对基层养殖场、养殖专业户的实际情况和需要编写了此书。

本书力求内容充实、语言通俗，尽量不使用专业术语而用一般性语言叙述。普通病侧重于病因分析，传染病和寄生虫病主要详述流行特点、临诊症状、解剖学病变和防治等内容，力求通俗易懂、科学实用，以满足广大养兔者及有关人员的需要。

在编写此书的过程中，笔者参阅了许多相关的书籍和文献，不再详细列出，在此向有关书籍和文献的著者表示诚挚的谢意。

由于编者水平所限，书中难免有不当之处，敬请读者提出宝贵意见。

编 者

2016 年 1 月

目 录/Catalogue

四、兔的寄生虫病 ···············79

一、兔病诊治的关键技术

兔的生物学特性

了解兔的生物学特性，可以针对其生活特点进行饲养管理，使其正常生长发育，提高抵抗力，减少疾病的发生，同时对兔正常生命活动的了解也是发现疾病和诊断疾病的基础。对其解剖学知识的了解，是掌握其病理解剖学知识的基础，有助于疾病的诊断和治疗。

（一）兔的分类

兔在生物学上的分类地位兔在生物分类学上属动物界、脊索动物门、脊椎动物亚门、哺乳纲、兔形目、兔科，与啮齿类动物有较近的亲缘关系。

（二）家兔的来源及常见的养殖种类

家兔是由野兔在人类的长期驯化和培育过程中形成的。家兔的品种很多，按用途可将其分为肉用兔、毛用兔、皮用兔和皮肉兼用兔4类。肉用品种如法国公羊兔（英、德、法3个品系）、新西兰兔（原产美国）、加利福尼亚兔（育成于美国）、比利时兔（育成于英国）、齐卡兔（育成于德国，有3个品系：大型的德国巨型白兔、中型的德国大型新西兰兔和小型的德国合成白兔）、布列塔尼亚兔（育成于法国）等。毛用兔有多种品系的安哥拉兔和我国培育成的皖系长毛兔、唐行长毛兔、镇海巨型长毛兔等。皮用兔如獭兔（又名力克斯兔，原产于法国），是世界著名的天然彩色珍贵皮用兔，有许多不同颜色的纯色品种和相间色的品种，如黑、白、蓝、青紫蓝、花斑獭兔以及白底配以黑红两色斑纹獭兔等品种。皮肉兼用兔如青紫蓝兔（原产于法国）、丹麦白兔（原产于丹麦，又名兰特力斯兔）、日本大耳白兔（原产于日本）、虎皮黄兔（中国河北）、哈白兔（中国哈尔滨）、塞北兔（中国张家口农业高等专科学校）。我国饲养较多的品种有：中国兔、银灰兔、青紫蓝兔、日本大耳兔、比利时兔、西德长毛兔、安哥拉兔、力克斯兔、法国公羊兔、加利福尼亚兔等。

（三）家兔体外被毛及其换毛

家兔全身被毛，毛是保温器官。其毛致密、柔软、光滑、洁净，也是兔作为经济动物的主要原因之一。毛还是重要的触觉器官，可触知周围的异物，尤其是兔口周围的触须，极其灵敏，用于感觉和确定食物的位置。

兔还有换毛的特点。一般成年兔每年换两次毛，在春天3～4月份换一次，秋季9～10月份换一次，也称季节性换毛。春天换的毛生长快、换毛期短、枪毛多、绒毛少、被毛稀疏、易脱落，主要为适应于夏季炎热气候环境所生。秋天换毛的时间较长，绒毛多、枪毛少，使被毛显得浓密、厚实，毛根发达而不易脱落，主要为适应冬季寒冷气候所生，这也是冬季制取皮毛的主要原因。子兔也换毛，子兔产出时无毛，产出3～4天开始长毛，待30天左右时毛长齐全，称为乳毛，以后逐渐换掉乳毛，到3月龄左右换齐，也称第一次换毛期，到4月龄又开始第二次换毛，这两次换毛统称年龄性换毛。除此之外，老龄兔由于代谢缓慢、营养不良，可不定期掉毛，发病兔则可由于代谢障碍、营养不良、皮肤病等原因掉毛。

换毛时应加强饲养管理，注意营养全价和平衡，以满足换毛的营养需要，同时还要注意清理掉毛，以防毛混入食物使兔营养不良而异食，造成消化不良或毛球病。

（四）家兔的外形特点

外形最显著的特点是有一对长耳。其躯体结构与四肢的着生均适应于在陆地快速运动，前肢的肘关节向后转、后肢的膝关节向前转，从而使四肢紧贴于躯体下方，大大提高了支撑力和弹跳力，有利于行走和奔跑，以避免天敌伤害。

（五）家兔的生活习性

家兔有穴居性，尤其产前做窝时这种本能表现得更强，所以在建造兔舍时，应注意墙壁和地面的坚固性，避免其掘洞造窝损坏兔舍或给兔造成伤害。兔还有啮齿性，即啃咬硬物的习性，以避免门齿过度生长造成牙齿闭合不全，这是它的本能。为防止兔啃咬，损坏笼舍和用具，应注意取材的坚固性，平时也可适量饲喂一些带树皮和叶的树枝、青干草等，若喂配合料时可制成颗粒料或砖料，以适应其采食和磨牙的需要。

兔御敌能力差、喜昼伏夜出、怕强光、白天较为安静、不好动，饮食量少，而夜间好动、反应灵敏、味觉较为发达，可通过味觉选择爱吃的食物，饮食量也大，所以，饲养兔的过程中不仅白天要喂给兔一定量的饮水和草料，晚上也应给予充足的草料和饮水。

兔体小而娇弱、抵抗力不强，不适于在潮湿、污秽的环境生活，喜欢清洁、干燥、凉爽的环境。由于其被毛浓密、汗腺也不发达，散热的主要途径是呼吸、排泄和皮肤辐射，当环境温度过高时这种散热能力相对降低，因而兔耐寒怕热，饲养过程中应避免炎热潮湿，较适宜的温度在 5 ~ 30℃，最适宜的温度在 15 ~ 20℃。但新生的子兔未长全毛、体温调节能力低而且抵抗力弱，其体温随环境温度变化而变化，离窝后体温迅速降低，尤其冬季很容易在离窝后冻死，所以在这段时间内应注意保温、避免风寒侵袭，同时母兔没有找回失散子兔的能力，管理人员应注意将离窝的子兔放回窝内。一般初生子兔窝内较适宜的温度为 30 ~ 32℃。子兔一般在产后 10 天左右才初具调节体温的能力，30 天左右时方可具有调节体温以适应外界环境温度变化的能力。

兔性情温顺、行动轻捷、胆小怕惊，而且听觉灵敏，遇有异常声响，便抬头竖耳倾听并不断直立转动，或发出很响的顿足声，如有意外，立即用后腿蹬地准备逃避。如经常出现新的异常噪音，会影响兔的正常采食和饮水，严重时会影响哺乳期母兔正常的泌乳和哺乳子兔的能力。所以，平时应该给兔创造一个安静的环境，以利于兔正常的生长发育。

兔不但不喜欢与其他动物合群，成年兔也不愿与同性别的其他兔在一起，尤其是大种公兔、孕期和哺乳期母兔的这种情况更为明显。为了避免咬架、早配、孕期流产或弱小的兔受到伤害，性成熟的公母兔、种用兔、孕期母兔应单独饲养，尤其不能与弱小的兔混养。

（六）家兔的繁殖特点

家兔繁殖力强、胎生哺乳。一般 4 ～ 8 月龄性成熟，寿命 4 ～ 9 年。母兔常年发情，四季繁殖，发情周期 8 ～ 15 天，经性刺激或交配后 10 ～ 12 小时排卵，孕期 30 ～ 31 天，每胎产子少的为 1 ～ 5 只，多的可达 10 只左右，优良品种如布列塔尼亚兔胎产可达到 20 余只。一般子兔产出后就寻找乳头，母兔即刻对其进行哺乳，一般 15 天左右子兔开始追逐母兔吮乳，但此时母兔仍每天定时喂乳一次，哺乳期 30 ～ 50 天，哺乳期完毕后，经一定时间的恢复又可进行配种受孕。由此可以看出，饲养家兔是周期短，见效快。一般雌兔生育期为 4 ～ 5 年，雄兔生育期为 2 ～ 3 年。饲养家兔过程中，第一次交配要求公兔为 7 ～ 8 月龄，母兔为 5 ～ 6 月龄，交配期为 1 ～ 5 天，现在一般的养殖者均让兔提前交配，这要根据饲养情况和兔的个体发育情况而定，但不可过早，否则会影响兔机体的发育和生殖能力，对子兔的生长发育也有一定的影响。

兔有较强的护子行为，在哺乳期的母兔和亲生的子兔群内不能混养其他的兔，以免造成母兔为了保护子兔和其他兔厮咬或其他兔伤害子兔等情况而造成损失。兔嗅觉较为发达，其不仅可通过嗅觉辨认异性及其所在地是否是自己的栖息领地，而且还能靠嗅觉识别自己的亲生子兔，如有异味其可能会咬死、咬伤或残食子兔，进而可能会造成吞食子兔癖，所以，在哺乳期间，尽量不要触摸子兔或放其他兔进窝，以免子兔受到伤害，如人为触摸或捉捕子兔后，可用母兔粪尿涂抹子兔，对防止母兔咬食亲生子兔有一定效果。

（七）家兔的食性

家兔出生后即会吮乳，待 10 ～ 12 日龄睁眼后便追逐母兔吮乳，同时采食一些饲料，21 日龄左右正常采食。家兔饲料范围较广，耐粗饲，除喂给一些精料外，主要采食草等植物性食物，植物根、茎、叶、花、树皮、瓜果、种子等均可作为食物，饲养过程中还要注意补喂一些矿物质饲料。家兔还有夜食自己软粪的习惯，但不吃白天的硬粪粒，这种习惯虽然可使软粪中的蛋白质、灰分和维生素 B 等营养成分再次利用，但是容易造成疾病的传播和感染，一般兔在患病时，食粪现象会消失。家兔缺乏咳嗽和呕吐反射的能力。

家兔门齿发达、无犬齿，有形如袋囊的单胃和很长的肠道，而且有容积很大的盲肠，这与其草食性有一定的关系。

（八）家兔的生长发育特性

子兔刚出生时无毛、闭眼，一般于 3～4 日龄时开始长毛，30 日龄左右毛长齐全，10～12 日龄眼睛睁开，并试吃一些饲料，21 日龄左右开始正常采食。其初生体重多在 50～68 克，而出生后生长很快，有资料显示，比利时兔出生一周后体重可增加一倍多，13 周龄时增加约 50 倍，20 周龄时增加近 80 倍，约是成年体重的 82%。

（九）健康家兔的表现

家兔健康与否，可通过以下几方面的"健康检查"来判断：

1. 精神状态 健康兔常保持机警状态，一听到轻微响动便抬头竖耳，转动耳壳，注意分辨外界情况；受惊时，即用后肢跺笼底，行走不安，如是散养则会立即逃避。病兔被毛则精神呆滞，对特殊声响反应较差或无反应，不愿动。

2. 行动情况 健康兔姿态自然，行动灵活、协调、敏捷，蹲卧时前肢直伸、平行，后肢置于体下。除采食外，大多在眯眼休息，遇有异常声响便睁眼、竖耳、蹲卧。病兔姿势反常，行动迟缓，缩头弓背。

3. 被毛外观 健康兔被毛富有弹性和光泽，紧粘于体；病兔则粗乱无光泽。

4. 耳朵和眼神 健康兔两耳洁净，白兔呈粉红色，双眼圆睁，明亮有神，眼角洁净；病兔耳发白或发绀，手摸有热感或发凉，眼睛无神，半睁半闭，结膜红肿或有眼屎、眼泪。

5. 饮水情况 发热的病兔，饮水大增，消化紊乱的兔随采食下降而减少饮水。

6. 采食情况 健康兔食欲旺盛，当饲养人员按时给其喂草喂料时，听到声响或见到饲养人员会立即跑到笼前守候，草、料一到即不停地采食并很快吃完，尤其是采食当次喂给的颗粒料更是这样。而病兔吃食的欲望则很低或无，对喂料反应较差或无动于衷，蹲在窝的一角不动，或上前吃一点即离开料槽眯眼伏卧。

7. 粪的形状 健康兔的粪粒呈椭圆形，有弹性，表面有光泽，大、小均匀。不健康兔的粪粒变小、变尖、变硬，表面无光泽，或像串珠状、或呈条状、或在笼底上呈堆，带有腥味或有透明胶状物。

（十）家兔在正常情况下的主要生理常数

体温 39.0℃（范围 38.5 ~ 39.5℃）；心跳数，成年兔 120 次／分（范围 100 ~ 140 次／分），幼年兔 140 次／分（范围 130 ~ 180 次／分）；呼吸数，成年兔 60 次／分（范围 50 ~ 70 次／分），幼年兔 80 次／分（范围 70 ~ 90 次／分）。

兔的解剖学知识

（一）外形

家兔体外被毛，全身分为头、颈、躯干、尾和四肢等几部分。

1. 头部 家兔的头部上下较长，两只眼呈圆形，几乎位于头的上下中间位置、头前方的两侧，眼球颜色因品种而异。以眼为界，可将头分为前方的面部和后方的颅部，面中部稍隆起，下方前端为鼻孔，鼻孔下方是有一深裂隙（唇裂）的上唇，此裂隙将上唇分为左右相等的两部分，在鼻孔和上唇的后上方两侧有长的触须。颅顶部两侧有两只长大的耳廓，内有孔与耳道相通。颅部后方是颈部。

2. 颈部 家兔的颈短粗，位于头和躯干之间，能自由活动，运动灵活，有利于采食和防卫。在颈与喉交接处有由皮肤隆起形成的皱褶，称为肉髯。外观颈部后方与躯干界限不明显。

3. 躯干、尾 家兔的躯干长而上弓，可分为肩、胸、腹、背、臀等几部分。肩部位于躯干前方两侧。胸部外观是指两肩部下方之间的腹侧和两肩部后方侧位和腹位的一部分，实为两肩部之间由肋骨、胸骨和胸椎构成的胸阔所围部分。腹部外观是指胸部后方、躯干腹侧的大部分，解剖学上是指背部下方、肋骨和胸骨后方的广大体腔，腹腔容积较大，这与其草食性有关，腹下中线两侧有 3 ~ 6 对乳头，幼兔及公兔不明显。背部是指躯干的背侧，位于胸、腰和部分荐部。臀部是指躯干背部的后面部分及两侧部分，即荐部及两侧部分。躯干的末端、臀部下方有一短小的尾。尾部下方有肛门。母兔肛门下方有阴户，公兔肛门下方有阴茎，阴茎两侧有由皮肤皱褶形成的阴囊。在交配期皱褶内可触摸到长圆形的睾丸。

4. **四肢** 家兔的前肢较短小，上部以肩带与躯干相接，以下由上臂、前臂和前脚三部分组成，肘关节向后转，前脚有五趾，趾端有爪。后肢发达，肢节较长，上部以盆带与躯干相接，以下由大腿、小腿和后腿三部分组成，膝关节向前转，后脚有四趾，趾端有爪，第一趾退化。

（二）皮肤

家兔的皮肤是重要的保护器官，皮肤上长有被毛，是重要的保温器官和触觉器官。皮肤的表皮和真皮均加厚，表皮的角质层发达，真皮的坚韧性极强，适应于剧烈的运动和避免牵拉损伤及对机体的保护，可作为制革的原料。

（三）骨骼

家兔的骨骼有硬骨和软骨，硬骨间由软骨和韧带组成关节。骨和关节构成身体的支架，起支撑身体和保护内脏的作用。骨骼大致分为头骨、脊柱、胸肋骨和四肢骨4大部分，各大部分又由许多块骨骼组成，大小、形态各异。

1. **头骨** 头骨块多为板状扁骨，分颅骨和面骨，围成的骨腔可以容纳、支持和保护脑、感觉器官和消化道的起始部分。颅骨由许多骨块如枕骨、蝶骨、筛骨、顶间骨、顶骨、额骨、颞骨等组成；面骨由犁骨、舌骨和前额骨、上颌骨、鼻骨、鼻甲骨、泪骨、颧骨、腭骨、下颌骨等组成。

2. **脊柱** 脊柱由颈椎、胸椎、腰椎、荐椎、尾椎等借关节、韧带和椎间盘连接而成。

3. **胸肋骨** 胸骨前端为胸骨柄，后端为剑状软骨，中央为胸骨体，靠肋骨与脊柱相连接。肋骨12对，前7对肋骨的下端与胸骨直接相连为真肋，第8～10对与其前方的真肋和胸骨相连称假肋，最后两对不与胸骨相连称浮肋。

4. **四肢骨** 前肢骨骼由肩胛骨、锁骨、肱骨、尺骨、桡骨、腕骨、掌骨和指骨组成。它们分别构成肩关节、肘关节、腕关节和指关节。后肢骨由髋骨、股骨、膝盖骨、胫骨、腓骨、跗骨、跖骨、趾骨组成，分别以髋关节、膝关节、跗关节、趾关节相连接。

（四）肌肉

兔的肌肉表现在四肢肌肉和背部肌肉强健有力，适于跳跃和奔跑。腹肌发达，利于保护和支持腹腔脏器，也有利于做曲体、跳跃动作而奔跑。有特殊的膈肌将胸腹腔分开，也是呼吸运动的重要组成部分。皮肤肌发达，适应于快速的牵拉作用。咀嚼肌强大，有利于采食和口腔咀嚼。

（五）消化系统

主要包括口腔、咽、食道、胃、小肠、大肠和肛门，是一条细长的管道，其长度大约是兔体长的 12 倍。

1. **口腔及咽部** 兔的口腔较小，有唇、颊、腭、舌、齿和唾液腺组成。口腔的前部有发达的唇，上下唇围成口，也称口裂，上唇正中有一纵裂，称唇裂，门齿外露。口腔的左右两侧壁为颊。口腔的顶部为腭，前部为骨质的硬腭，后部为肌肉质软腭。兔的舌短而厚，分舌尖、舌体和舌根 3 部分，舌上分布有味觉感受器。兔齿共 28 枚，门齿发达，适于采食和切断食物，无犬齿，臼齿的咀嚼面宽阔、具横嵴，适于采食和咬磨食物，其半侧切齿、犬齿、前臼齿、后臼齿的齿式分别为 2／1、0／0、3／2、3／3。兔的唾液腺有 3 对，即腮腺、颌下腺、舌下腺。唾液腺分泌物含有淀粉酶，可分解消化淀粉，其中还含有微量溶菌酶，具有抑菌作用。唾液的分泌，也是口腔调节体温的一种形式。口腔的后部为咽，是消化系统和呼吸系统的共同通道。

2. **食道** 食道前接咽部，后与胃的贲门相连，是一富有伸缩力的长管。

3. **胃** 兔为单胃，为一大的囊状结构，经常充满食物，其位于腹腔前部，胃以贲门与食道相通、以幽门连接十二指肠。胃黏膜分泌胃液，消化力很强，主要成分是盐酸和胃蛋白酶。

4. **小肠** 兔的小肠分为十二指肠、空肠和回肠。十二指肠为一"U"形弯曲，有肝管和胆管的开口，肠壁较厚，后接空肠，空肠在肠道中最长，空肠后接回肠，空肠和回肠的肠壁较薄，借肠系膜悬吊于腹腔的左上部。

5. **大肠** 兔的大肠分为盲肠、结肠和直肠。兔的盲肠发达，是一个粗大的盲囊，盲肠内壁有螺旋形的螺旋瓣。在回、盲肠交接处的肠壁膨大成一厚壁圆囊，外观灰白色，为兔特有的淋巴组织，称圆小囊，有压榨纤维素、吸收营养、中和微生物产生的酸性物质以及防御等作用。盲肠的游离端变细，称蚓突。回肠后为结肠，其以结肠系膜连接体壁背面，与盲肠盘曲于腹腔的右下部，后接较短的直肠，最后开口于肛门。

6. **肝脏和胰脏** 肝脏位于腹腔前部，膈之后，分为六叶，即左外叶、左中叶、右外叶、右中叶、方形叶和尾状叶，胆囊位于右中叶上。肝脏分泌胆汁，通过胆管和各肝叶的肝管输送到十二指肠，参与食物的消化。肝的侧面是进出肝脏的神经、血管、淋巴、肝胆管等经过的部位，称为肝门。肝脏还有储存营养和解毒等功能。胰脏散在于十二指肠襻间，色粉黄，胰脏分泌胰液，胰液内含有大量的酶，可消化分解食物，胰液通过胰导管输送到十二指肠，参与食物的消化，胰脏的胰岛细胞还能产生激素即胰岛素，对糖代谢进行调节。

（六）呼吸系统

呼吸系统由鼻、咽喉部、气管、支气管和肺组成。

鼻包括鼻腔和前已述及的鼻孔。鼻腔由鼻骨和上腭构成，接咽喉部，由喉头进入气管，气管分支形成支气管，支气管进入肺形成细支气管。肺位于胸腔前方、粉红色、有左右两叶，肺有弹性，由细支气管、肺泡管和肺泡组成，是吸入的氧气和体内的二氧化碳交换的部位。

（七）循环系统

循环系统包括血液循环系统和淋巴循环系统。

1. **血液循环系统** 主要包括心脏、动脉、静脉、毛细血管，而且兔的血液循环是完全的双循环。心脏位于胸腔内，二房二室，右心室将缺氧血液压入肺动脉，通过肺泡壁上的毛细血管进行气体交换，二氧化碳进入肺泡后进入气管呼出，氧气进入血管后由肺静脉进入左心房并至左心室，称为肺循环。左心室的多氧血压入体动脉，血液通过动脉到全身各个组织的毛细血管进行气体、营养物质和代谢废物的交换，将氧气、营养物质释放入组织，将代谢物换入血液，又通过静脉到右心房并到右心室，在这一过程中，血液中的部分液体渗出形成组织液，部分组织液物质则进入毛细血管成为血液的成分，有一部分进入淋巴毛细管形成淋巴液。

2. **淋巴循环系统** 由淋巴结和大小淋巴管组成。淋巴毛细管收集组织液进入各级淋巴管而形成淋巴液，淋巴管的通路上有许多淋巴结，是防御器官，具有滤过和消灭异物的作用，淋巴液又进入由许多淋巴管集合成的淋巴总管，再进入静脉。由此看出，淋巴循环系统可以说是血液循环系统的辅助系统。

（八）泌尿系统

包括肾脏、输尿管、膀胱和尿道几部分。

肾脏位于腹腔内的背部腹壁，一对，是产尿器官，其滤过血液中的部分水分和代谢物并分泌一些物质共同形成尿液，尿液通过输尿管进入位于腹部后方的膀胱暂时储存，蓄积到一定的量经尿道排出体外。

（九）生殖系统

1. 公兔的生殖系统 公兔的生殖系统包括睾丸、附睾、输精管、副性腺、阴茎和阴囊。

（1）睾丸：睾丸一对，是产生精子的器官，并能分泌雄性激素。初生和青年公兔的睾丸一般位于腹腔内，附着在腹壁上，4～5月龄时睾丸开始下降到阴囊内，成年公兔的睾丸基本上在阴囊内，因公兔的腹股沟管短而宽，终生不闭锁，睾丸仍能回到腹腔内。

（2）附睾：附于睾丸的前端，是精子吸取营养、成熟和运送、暂存精子的场所，精子在此达到完全成熟。

（3）输精管：输精管起于附睾，经腹股沟管上行入腹腔，左右两侧输精管在精囊腹侧开口，下接尿生殖道。

（4）副性腺：包括精囊、精囊腺、前列腺、前列旁腺和尿道球腺。精囊位于膀胱颈部，为扁平囊状。精囊后方为一对精囊腺，为椭圆形的腺体，前列腺位于精囊腺的后方，为半球状腺体。前列旁腺较小，为指状突起，位于精囊腺基部的两侧。尿道球腺在前列腺后方，呈暗红色、分两叶，每叶呈长柱状，位于尿道背侧，有输出管开口于尿道背侧壁。副性腺分泌的黏液有润滑尿道、防止精液倒流、稀释精子等功能。

（5）阴茎：阴茎呈柱状，主要由海绵体构成，前端细而稍弯，无膨大的阴茎头。静息时向后伸，长约25毫米，勃起时可长达40～50毫米，呈圆锥形。

（6）阴囊：一对，位于腹部后方、肛门两侧，为容纳睾丸、附睾和输精管的起始部的囊状结构。

2. 母兔的生殖系统 母兔的生殖系统包括卵巢、输卵管、子宫和单一的阴道、阴门等。

（1）卵巢：位于肾脏后方的体壁上、左右各一个，粉红色、椭圆形。

幼龄兔卵巢较小，表面光滑，成年兔卵巢较大，表面有凸出的滤泡，可产生卵子并分泌多种激素。

（2）输卵管：位于卵巢和子宫角之间，由输卵管系膜悬挂于腰下，左右各一条，其前端膨大呈漏斗状，称输卵管伞，主要作用是接纳由卵巢排出的卵子。输卵管前半部较粗，称壶腹部，后部较细，称峡部。

（3）子宫：兔为双子宫动物，子宫体较短，两个子宫颈并列开口于阴道，输卵管与子宫间、子宫角与子宫体间分界不明显。子宫是受精卵着床、发育的地方。

（4）阴道：子宫之后的部分，位于直肠的腹侧、膀胱的背侧，阴道的后部形成前庭，其腹侧有尿道开口，前庭的后口形成阴门。阴道是母兔的交配器官及胎儿产出和尿液排出的通道。

（5）阴门：家兔的阴门由阴唇和阴蒂组成。阴门两侧突起形成阴唇，阴唇背、腹侧形成阴唇联合，背侧阴唇联合呈尖形，腹侧呈圆形，并在此处有一小的突起，称阴蒂。

（十）神经系统和感官

神经系统包括中枢神经和外周神经。

1. 中枢神经 包括脑、脊髓。脑位于颅腔内，分端脑、间脑、中脑、后脑和延脑，是感觉和运动的高级中枢，也能支配内脏的活动。脊髓位于脊椎管内，是一个长柱状结构，前端与脑相接，后端延伸至荐椎中，为植物性神经系统中枢，主要是协调内脏器官、腺体、心脏、血管及平滑肌的感觉和运动。

2. 外周神经 包括脑神经、脊神经和植物性神经。脑神经由脑发出，主要支配头部各器官。脊神经由脊髓两侧发出，多分布于颈部、躯干和四肢等部位。植物性神经包括交感神经和副交感神经，与中枢神经相联系，协调支配内脏活动。

3. 感官 包括眼的视觉、耳的听觉、鼻腔的嗅觉、口腔内的味觉、皮毛的触觉等。

兔病的发生与传播

动物由于各种原因导致机体组织、器官甚或整个机体的损害或代谢紊乱，并有一定的临诊症状表现，称其为动物发病或患病。由此可见，动物发生疾病需要有动物（容易感染某种传染性疾病的动物，我们称其为这种疾病的易感动物）和致病因素（对传染病和寄生虫病又称病原，能够散播病原的动物称为传染源），而传染病在动物个体或群体间具有传染性，完成这种过程则需要有感染途径（如创口感染、呼吸道感染等）和一定的传播媒介（也称传播途径，如风媒传播、虫媒传播等）或经接触（直接接触和间接接触）传播。

（一）兔病的发生

1. 兔病的发生原因　导致机体发病的原因很多，如物理性、化学性、机械性、生物性等因素以及营养失调、怀孕和分娩、幼小和衰老的抵抗力降低、先天性发育不良等因素，除此之外，还有如遗传、变异和免疫等因素。

2. 兔病的分类　一般根据病因进行划分（但不是绝对的，如由于钝性打击引起外伤和内出血，既是外科病也是内科病的范畴，产科病主要指的是生殖器官的疾病，而营养代谢病和中毒病也可列入内科病等），可分为几大类，如内科病、外科病、产科病、营养代谢病、中毒病、细菌病、病毒病、遗传病、免疫力低下等。

兔病的种类很多，但据目前对兔病研究的资料显示，除遗传病、变异病、免疫性疾病等的研究较少，对其他常见的病可根据致病因素分为两大类，一是由非生物因素引起的疾病，这类疾病没有传染性，如内科病、外科病、产科病、中毒病等。二是由生物因素引起的疾病，这类疾病都具有传染性和侵袭性，如细菌病、病毒病、寄生虫病等。

3. 非生物因素引起的疾病　非生物因素引起的疾病主要包括内科病、外科病、产科病、营养代谢性疾病及中毒性疾病等，一般被统称为普通病，这些疾病均不具传染性，但一些营养代谢性疾病和中毒性疾病常有群发的特点，注意这一点有助于疾病的诊断。

（1）内科病：主要是由于长期饲养和管理不当造成的。如饲料易发酵、膨胀，饲料干硬、不易消化又缺乏饮水等造成胃积食、膨胀、脱水、便秘等；过多饲喂含露水的豆科植物和冰冻饲料造成的腹痛、腹泻；饲料中有异物造成损伤或堵塞，饲料霉变引起的中毒；幼兔抵抗力差、管理不善而发病；兔舍阴暗、潮湿、不透光、通风性差、防寒保暖措施不到位、或闷热潮湿、或运动场缺乏遮阳设备等；长途运输时闷热潮湿、缺水、缺氧或风寒袭击所致的感冒、肺炎、热射病等；追赶时引起剧烈运动造成的伤害等。此外，还包括自身的先天性和后天性的器质性的和机能性的疾病导致的机体新陈代谢障碍等。

（2）营养代谢性疾病：一般放入内科病，主要是饲喂量不足或饲料营养物质缺乏或不平衡即缺乏或过多而引起家兔的营养失衡，造成家兔的营养不良或过剩，生产性能和抗病力下降，甚至危及生命的一类疾病，如常见的维生素 A、维生素 B、维生素 E 缺乏症，钙磷缺乏症，以及妊娠毒血症等。需要说明的是一般习惯上把维生素过多引起的病叫维生素过多症，不称为中毒，而微量元素过多引起的病则称之为中毒。这也看出非生物因素疾病的划分也是相对的。

（3）中毒性疾病：一般包括采食有毒植物、霉变饲料，或误食农药、灭鼠药、重金属或其污染的饲料和饮水，或因矿物质、治疗用药的量过大或使用方法不当引起的中毒等疾病。其治疗一方面是解毒，另一方面是采取内科疗法进行调理，因此，这类疾病也常列于内科病。常见的有亚硝酸盐中毒、氢氰酸中毒、有机磷农药中毒、灭鼠药中毒、霉变饲料中毒等。

（4）外科病：一般地讲是指由于如烫伤、骨折、皮肤肌肉撕裂伤、异物引起的结膜炎等疾病，它不同于外科学或外科手术，后者指的是施行外科消毒、手术、用药的疾病的治疗技术，如细菌感染引起的脓疮的处理、肠梗阻和难产的外科手术和用药治疗等。

（5）产科病：一般讲的是与生殖相关的器官的器质性和机能性疾病，如不孕、流产、难产等，还包括细菌引起的子宫内膜炎、化脓性乳房炎、卵巢炎等疾病。由此可见，用生物与非生物性因素进行疾病的划分也是相对的。

4. 生物性因素引起的疾病　指由致病性生物引起的疾病，包括由病毒、细菌、支原体、真菌等微生物引起的各种传染病和由各种寄生虫引起的寄生虫病。

传染病是指由于致病性微生物通过消化道、呼吸道、皮肤或黏膜及其损伤、生殖器官或胎盘等途径侵入兔体，具有一定的潜伏期和临诊表现，并可以在个体及群体间传播的一类疾病。其特点就是有传染性，而且传播快、发病率和死亡率都高。由病毒引起的疾病，如兔病毒性出血病（兔瘟）、传染性水疱性口炎、子兔轮状病毒病等；由细菌引起的传染病，如兔巴氏杆菌病、葡萄球菌病、沙门氏菌病、大肠杆菌病、魏氏梭菌病、结核病、链球菌病等。

寄生虫病是指由于各种寄生虫侵袭兔体内或体表，不断汲取机体营养、分泌毒素，造成机体或其器官组织的代谢障碍和损伤，表现一定的临床症状，并可使家兔发育不良、贫血、消瘦以至死亡的一类疾病。如兔球虫病、兔螨病等。寄生虫病也具有一定的传染性。

疾病的发生有一定的病因，而在实践中病因往往不是单一的，有的一开始就是多种因素，有的是随着病情的不断发展，机体抵抗力不断降低，又伴发或继发多种疾病。所以，根据病因对疾病的简单分类是相对的，但为了利于疾病的诊断、治疗、技术交流，这就要求在疾病诊断和治疗时，不可片面，要综合考虑，认真排查病因，确定病因，并根据病因、病情采取适当有效的治疗措施进行治疗，以取得良好的治疗效果。

（二）兔病的传播

非生物性因素引起的疾病不具传染性，但应注意中毒病和营养代谢病一般具有群发性特点，而生物性因素引起的疾病具有传染性。在"生物性因素引起的疾病"内容中已述及传染病和寄生虫病的概念，这两类疾病都是由生物性因素引起的疾病，具有一定的传染性和侵袭性。

传染病和寄生虫病的发生需要有易感动物、传染源、传播媒介和感染途径，缺一不可。易感动物是指对某种传染病或寄生虫病缺乏抵抗力的兔群。传染源是被病原微生物如病毒、细菌、寄生虫等感染的兔，包括带毒或带虫兔、病兔、其他被感染的动物，以及被排泄物污染的环境和器具。传染途径包括感染途径和传播媒介，传播媒介是指病原微生物或寄生虫（幼虫、虫卵、卵囊等）由传染源排出体外后，传播给动物或传播到动物的生活区域的途径，其需要一定的媒介如空气、水、饲草、饲料、粪便、土壤、饲养管理用具、昆虫及其他动物和人等。感染途径是指病原侵入其他健康兔和别的易感动物所经过的途径，如消化道、呼吸道、皮肤、黏膜及其损伤处等。

一旦有易感动物、传染源和一定的传染途径，易感动物就会发病。但传染病的发生还取决于病原微生物的来源、数量、毒力以及动物的种类、体况、易感性等，从而表现不同的临诊症状，如病原少、毒力小，而动物抵抗力强，动物可能只表现轻微的临诊症状或不表现症状，而病原量大、毒力强、动物抵抗力又弱时就会表现明显的临诊症状，也会由一个动物传染给另一个动物，甚至使动物群体发病、或传播给另一易感动物群体，造成传染病的流行。由此可知，及时采取有效措施切断其中任何一个环节，兔病的流行就不会发生。因此，必须加强饲养管理和防疫措施，以提高动物的抵抗力、消灭传染源和切断传播途径，有效控制传染病的发生。

预防兔病的关键技术

关键技术

选好场址，远离传染源。坚持以自繁自养为主，严防因引进病兔造成疫病流行，外地引进时，只能从非疫区引入，要隔离饲养2周。严格执行消毒措施，兔场进口处要有消毒池，场内设置人员消毒间及更衣室，外来人员、车辆不消毒不得进入生产区。科学合理的预防接种是防病的关键。

科学的饲养管理，是家兔健康的根本保障，饲养管理不当，往往就会造成疾病的发生与流行，尤其是传染病和寄生虫病，往往是大批发生，发病率和死亡率都很高，危害也很大。养兔业的成败，在很大程度上取决于兔病综合性防治工作的效果。随着养兔业的迅速发展，兔病的防治工作显得尤为重要。

兔病的主要预防措施是针对预防和扑灭传染病和寄生虫病进行制定的，如从兔场规划开始，就应考虑有关病兔隔离、设施的消毒，如病兔隔离舍、消毒池及病死兔处理场所等，同时要搞好日常饲养管理，保证饲料、环境的清洁卫生，定期预防接种疫苗、检疫和粪便无害化处理等，采取综合性防治措施以避免和减少疾病的发生。

（一）场址的选择与建场

场址应选在远离交通要道、其他养殖场和居民区，而且要交通便利、水电有保障、地势高而背风、向阳、绿化良好的区域。兔场本身也应进行科学的布局，在兔场的周围建立围墙和排污区以及无害化处理病死兔的设施。场内生活区、饲料间、生产区、隔离区等要分开置。饲料间建在生产区内的上风口，生产区应在隔离区的上风口。应专设消毒池。兔舍的建筑不宜过大，以单列或双列式兔舍为好，应考虑到经常保持适宜的温、湿度，阳光充足，空气流通等，特别是注意冬季保暖、夏季通风等因素，给家兔创造一个良好的饲养环境。隔离舍应远离生产用兔舍。办公和生活区也必须与生产用兔舍分离。

（二）兔的来源

最初的种兔的购进，应选择生产性能良好的种公、母兔，并要进行疫情调查和引进兔的检疫，不从疫区引进种兔，同时要掌握兔的防疫情况，对引进的兔要隔离饲养 2 周，确无病害时，经驱虫、消毒（未注射疫苗者补注疫苗）后方可进入生产区。以后要加强种兔选育，坚持以自繁自养为主，严防因引进兔源而带入病兔造成疫病流行，可利用杂交一代的优势，提高家兔的品质和子兔的成活率，以降低成本。

（三）消毒

严格执行消毒措施。兔场进口处要有消毒池，场内设置人员消毒间及更衣室，外来人员、车辆不消毒不得进入生产区，一般应谢绝参观。为接待来客参观，可在生产区外设置参观走道。

有专用的器具和用品的消毒池及设备，有专用的兔舍消毒器具，定时对场地、兔舍、饲槽、饮水器及其他器具进行消毒，及时清扫粪尿污物及垫草，进行无害化处理。保证环境、兔舍和器具的卫生，创造良好的生活环境。

消毒方法总体上分为 3 大类：物理消毒法、化学消毒法和生物热消毒法。

1. 常用的物理消毒法

（1）清扫、冲刷、擦洗、通风换气：此类为机械性的消毒法，是最常用、最基础的消毒法，简单易行。机械性消毒并不能杀灭病原体，但可大大减少环境中的病原体，有利于提高其他消毒方法的消毒效果，并可为家兔创造一个清洁、舒适的环境。

（2）阳光暴晒：有加热、干燥和紫外线杀菌作用，在日光下暴晒 2～3 小时可杀死某些病原体。此法适用于产箱、垫草和饲草、饲料等物的消毒。

（3）紫外线灯照射：紫外线灯发出的紫外线可杀灭一些微生物。主要用于更衣室、生产区入舍通道等的消毒。

（4）煮沸：煮沸30分钟，可杀灭一般微生物。适用于注射器、针头及部分金属、玻璃等小器械用具的消毒。

（5）火焰消毒：这是一种最彻底而又简便的消毒法。用喷灯（以汽油、液化气或酒精为燃料）火焰直接喷烧金属或砖石结构的笼网、笼底板或产箱，可杀灭细菌、病毒和寄生虫。

2. 生物热消毒法　是利用土壤和自然界中的嗜热菌对兔粪、尿等排泄物及兔舍垃圾（饲草、饲料残渣废物等）的堆积发酵产生的大量生物热，来杀灭多种非芽孢菌和球虫等寄生虫的消毒法。

3. 化学消毒法　是利用一些对人、动物等安全无害，对病原微生物、寄生虫有杀灭或抑制作用的化学药物进行消毒的方法。此法在生产中广为使用，不可缺少。

理想的消毒剂应对人、兔无毒性或毒性较小，而对病原微生物有强大的杀灭作用，且具有不损伤笼具物品，易溶于水，价廉易得等特点。

场内环境、器具、用品等的消毒及消毒药的使用见相关部分。

（四）药物预防

平时使用药物预防不可过于频繁，以防止药物蓄积中毒、致病性微生物对药物产生抗性、正常微生物菌群平衡紊乱和肉制品的药物残留等情况。在疾病流行季节和流行之前，有计划地交替使用几种药物进行预防可明显减少疾病的发生。而对于寄生虫病，定期驱虫是防治的最佳方法，同时要将兔驱虫时的粪便进行发酵处理后方可利用。在使用药物预防时，要严格按说明的用法和用量使用，如发现有误或中毒，要及时撤换加药的饲料或饮水，如是注射或已经中毒，要立即采取解毒措施。

（五）免疫接种

有目的、有计划地按免疫接种程序进行接种（见各病防治项及附录相关部分），是预防、控制和扑灭家兔传染病的综合措施之一，特别是对控制和扑灭兔瘟、巴氏杆菌病等兔病具有重要作用。因此，对新引进的未免疫接种的兔，一定要根据当地情况进行补接种，以后要定期接种。新生兔也要按防疫程序进行接种，以减少传染病的发生。

疫苗免疫的效果除与疫苗本身的质量有关外，按要求正确地进行疫苗的保管和使用也是取得良好免疫效果的重要保证。

1. 保存方法 大部分兔疫苗最适宜的保存条件是温度在 2 ~ 8℃，冷暗、干燥，注意防霉。高温（35℃以上）和冷冻（湿苗，2℃以下）都会导致疫苗变性失效而不能使用。

2. 运输方法 在购回疫苗的途中，要避免阳光直射和高温，夏天最好在箱内加放冰块，冬季要防冰冻，数量少时最好使用保温瓶。

3. 计划防疫 规模化兔场应制定全年的防疫计划和免疫程序，并根据兔场的生产规模采购疫苗。

4. 免疫预备试验 接种前应注意查证初次接种时间、每次的间隔时间，检查疫苗的名称、生产厂家、地址、生产日期、批号、有效日期，观察疫苗质量、疫苗瓶有无破裂、霉斑和异物，封口是否完整。仔细阅读使用书和瓶签上的使用说明，搞清疫苗的用法和用量，严格按规定方法使用，抽取疫苗液时尽量摇匀。疫苗开封后应尽可能当次用完，如用不完则须用酒精消毒瓶塞后，用蜡或胶布封闭胶塞针孔，冷藏保存。

在每一次给兔群注射疫苗前，可先用 3 ~ 4 只兔做免疫注射预备试验，接种后观察一周，如无异常则可进行全群免疫注射（紧急预防接种时不必进行此试验），凡体温升高或精神异常的病兔，怀孕后期的母兔均暂不注射疫苗，待病兔痊愈或产后及时补接种。接种后要加强对兔群的观察，一般有一天左右的减食等反应，若出现强烈反应或并发症时，应及时给予对症治疗。

5. 做好接种准备 注射用具如针头、注射器、镊子等应先消毒备用，酒精棉球应在 48 小时前制备，消毒用 75% 的酒精（取 99% 的酒精 100 毫升加蒸馏水或冷开水 32 毫升摇匀即可），组织好直接参与接种工作（保定兔子、注射和记录）的人员等。最好一兔一只针头，皮肤消毒要认真，以免造成人为感染和疾病传播。

（六）杀虫和灭鼠

昆虫如蚊、蝇、蜱、虻等和鼠等啮齿类动物是许多传染病的传播媒介或自然宿主，所以杀虫和灭鼠是防治传染病和寄生虫病的有效措施之一。

无论是器械还是药物进行杀虫和灭鼠，都要将药物和器械放在远离饲料和兔不能接触到的地方，以免兔受到损伤或误食毒药中毒。杀死的虫或鼠要烧毁或深埋，以免兔或其他动物中毒。

（七）饲料和饮水

加强饲养和管理，定时饲喂，青、粗饲料和精料合理搭配饲喂。配置精料时要按饲料配方认真添加饲料中的各种成分，防止过量中毒或不足而缺乏，保证饲料营养全价和平衡。保证饲料新鲜卫生无异物，清除杂质和芒刺，不饲喂已污染的饲料和霉变饲料，防止有毒饲料如棉子饼、高粱苗等的中毒。尽量饮用深井水，用河水时要确定无污染时方可饮用，如是池水或坑水要经消毒处理后方可饮用。

在做好各项工作的同时，还要建立种兔和兔群的管理档案，如兔的来源、出生日、防疫、用药、用法与用量、发病与治疗、生长和繁殖、饲料和饮水的来源及负责人等，以备管理查阅。

诊断兔病的关键技术

关键技术

询问调查与本次发病有关的情况，首先区分是哪类疾病，采取哪些紧急措施。观察病兔的精神状态、营养及发育状况、皮肤和黏膜、呼吸、心跳等；病死兔要剖检观察心、肝、脾、肺、肾、脑、淋巴结、胃肠组织及病变皮肤等，一般可做出初步诊断。

平时注意观察和记录兔的饮食和活动情况，有助于及时发现疫情并在诊断时发现病因和对疾病的确诊。一般疾病的诊断主要进行以下几方面的工作，即疫情调查、询问和检查兔体临诊症状、解剖检查兔机体和器官或组织的病理变化，经过综合分析一般可做出初步诊断，有典型症状的传染病即可确诊，必要时还可采取病料进行实验室检查，以便迅速做出确诊。

（一）疫情调查

疫情调查的主要内容包括本次疾病流行的基本情况，如发病的时间、地点以及发病兔的数量、性别、年龄、发病率、死亡率等，本地区或本场过去是否发生过类似的疾病，发病前后的饲养管理是否有大的变动如换兔舍、运输、换料等，免疫接种情况如兔群疫苗注射的种类、剂量、时间，药物预防情况如是否使用过预防药物、是否驱过虫、饲料中使用过哪些添加剂等，发病后病情发展情况和治疗效果等项内容。从而可以初步明确所发生的疾病是普通病还是传染病，为进一步确诊提供依据和线索。

（二）临诊检查

主要是对病兔或兔群的情况进行观察和对病兔个体的触摸检查，同时借助一些简单器械如体温计、听诊器等对家兔进行检查。对于那些具有典型症状的病例，通过仔细检查不难做出诊断。而那些仍处在发病的初期、尚未出现症状的病例、或者非典型和隐性感染的病例，仅靠临诊症状检查很难确诊出患的是什么病，只能说病兔患的可能是这种或那种病，即所患疾病的大致范围，所以，在诊断时还必须结合疫情调查、解剖学病变甚至实验室诊断，通过综合分析才能做出诊断，以防误诊。

1. 精神状态　正常的家兔，表现活泼、尾巴上翘、富有活力、对外界刺激反应灵敏、采食和咀嚼迅速、全身清洁卫生。反之则表现委靡、沉郁、昏迷或兴奋不安、食欲降低或不食、被毛脏乱等异常变化。

2. 营养及发育状况　营养、发育良好的家兔，肌肉和皮下脂肪轮廓丰圆、被毛光滑、皮肤富有弹性、结构匀称。营养、发育不良者则表现骨骼显露、被毛粗乱无光、皮肤干燥缺乏弹性、生长缓慢。

3. 皮肤和黏膜　主要检查皮肤的温度、是否有皮肤和被毛的损伤及皮肤的肿胀、溃烂、结痂等病变。健康家兔的可视黏膜呈粉红色，当出现苍白、黄染、蓝紫色或出血斑点时，则为患病的表现。

4. 体温　家兔的正常体温为 38.5 ~ 39.5℃。多采用肛门测温法，测温时，操作者用左臂夹住兔体，左手提起尾巴，右手持体温表慢慢插入肛门内，深度为 3.5 ~ 5 厘米，保持 3 ~ 5 分钟。

5. 心跳　可直接触摸心脏计数，健康家兔的脉搏数为每分钟 120 ~ 150 次。当疼痛、发热、缺氧、应激、剧烈运动等情况时脉搏数增加，近于死亡的兔脉搏迟缓无力。

6. 呼吸　健康家兔每分钟的呼吸次数为 50 ~ 80 次，可观察胸、腹壁的起伏，一起一伏即是一次呼吸。另外，还要观察兔的呼吸动作是否正常、是否喘气和喷嚏、鼻端湿润或干燥或分泌物增多等。

健康兔呼吸时胸壁和腹壁的运动较为协调、强度一致。当呼吸时胸壁运动比腹壁明显，表明腹部可能有病变，而呼吸时腹壁运动明显，病变可能在胸部。临近死亡时表现呼吸慢而无力或呼吸加深或呼吸困难等症状。

当为呼吸道疾患时，病兔常有喷嚏反应，有干咳（声音干、短，为呼吸道内无渗出物或少量黏液时发生）、湿咳（声音湿、长，为呼吸道内存有大量稀薄渗出液时发生）。其咳嗽的频度也不同，有单咳、连咳、痛咳（声音短而弱）、痰咳之分等。

听诊肺部，当为肺部疾患时可听到肺泡呼吸音的增强或减弱、拉风箱音或呼噜音等。

检查鼻部，健康兔的鼻孔清洁、稍湿润。当发现鼻液分泌增加（清涕、稠涕、脓涕、泡沫、带血）或鼻孔周围干裂，则常为鼻腔、上呼吸道及肺部的炎症表现。

7. 消化系统 健康兔采食积极、咀嚼速度很快，如出现食欲降低或不食，说明兔要发病或已经发病。根据疾病的不同，口腔可出现水疱、疹块、溃疡和舌苔增厚等病理变化，出现咀嚼吞咽困难、异嗜、口渴、流涎等异常表现。健康兔的粪便呈球形或长椭圆球形，如豌豆大小、光滑圆润、颜色适度。病兔常表现排粪次数减少或增加，粪便干硬或稀薄，有的混有黏液或气泡，甚至带血（褐色或暗红色）、恶臭等变化。根据所患疾病的种类不同，病兔常表现有腹痛（不安、回顾腹部或起卧），腹围增大、下垂等现象。听诊肠音有的增强、有的减弱或衰竭。

8. 泌尿 正常家兔的尿液为淡黄色，外观混浊，当尿液黏稠、清亮或发红时，均属不正常现象。排尿姿势异常主要有尿失禁（不自主地排出尿液），是排尿中枢损伤的特征。排尿困难（排尿时表现不安、呻吟、回顾腹部、摇尾或排尿后长时间保持排尿姿势），见于尿路感染、尿道结石等。排尿量增多见于大量饮水后，慢性肾炎或渗出性疾病（渗出性胸膜炎或渗出性腹膜炎等）的吸收期；排尿量减少、次数也减少，见于急性肾炎、大出汗或严重腹泻等。

（三）剖检病变

解剖学病变指的是将病兔或病死兔机体解剖后，用肉眼可观察到的某些器官和组织的病变，而不是用显微镜观察器官及组织细胞的病理变化。解剖学病变是通常疾病诊断的有效方法，有些疾病单凭尸体剖检就可做出诊断，如兔瘟、A 型魏氏梭菌病、兔黏液瘤病、兔肝球虫病等，而有些疾病则不能做出诊断，在这种情况下，就必须采取实验室诊断才能确诊。

在以上方法不能做出诊断时，可在解剖过程中无菌采取病变组织送当地有关部门进行实验室诊断，主要是采取心、肝、脾、肺、肾、脑、淋巴结、胃肠组织及病变皮肤等或同时采取粪便和血液等送检，如不能确定采取哪些组织时，可将完整的病死兔或患病的活兔送检。

要注意如果送检的是各种病变组织或粪便等，病料采取要及时，一般应在死后立即采取，最迟不应超过 6 小时。为不影响检查结果，送检兔最好是在近期未经药物预防或治疗过的，取材过程要无菌操作，用清洁卫生的容器或塑料袋包装、密封，并在包装物表面注明送检人姓名、送检日期及患病兔种类、性别、年龄、发病日期、组织名称等内容，同时以最快的速度送检。

治疗兔病的关键技术

关键技术

确诊后，立即制定出治疗方案。所选药物要对症，剂量要准确。给药途径视病情而定：急性病一般给注射的药物，群体大的采用拌料法，有些疾病还要进行手术治疗。

平日要随时观察，以利于尽早发现病兔，做到这一点就要求饲养管理人员每日在喂兔子和清扫笼具时，进行成兔、幼兔的健康检查，如通过观察兔子的食欲、饮水、排粪尿的状况、精神状态、被毛光泽和耳廓颜色等来判断兔子是否健康，这对实行病兔早诊断和及早控制疫情、减少疫病对兔群的危害和经济损失至关重要。

一旦发生传染病或疑似传染病时，必须立即隔离病兔、消毒环境和器具，同时尽早做出诊断，根据发病情况做出治疗、淘汰或无害化处理的决定。未做出诊断之前，除保留有典型症状的病死兔用于诊断外，要将其余的病死兔焚烧或深埋处理，以免病原传播。

（1）隔离：对发病兔和可疑病兔尽快隔离，专人管理。在确诊前对发病的兔场要严格封锁，立即停止种兔出售或外调，严禁车辆进出和饲养人员串岗。

（2）消毒：兔舍、场地及一切用具要严格消毒，消毒后经冲洗、晾晒或搁置一定时间，尤其是器具，在使用时还要进行消毒处理方可使用。

（3）诊断：隔离和消毒的同时，根据发病情况应尽快做出诊断，及时查明发病原因，不能确诊时可先用广谱抗生素予以治疗和防止继发病，并加强饲养管理，同时尽快送往有条件的部门诊断，并把疫情报告当地有关部门，通知周围兔场采取预防措施，防止疫情扩大，以把损失降低到最小限度。

（4）治疗、淘汰或无害化处理：经确诊为非烈性传染病、而病症较轻又可以治疗的种兔、生产价值较高的商品兔应进行及早治疗并注意药物配伍禁忌（见附录常用药物配伍禁忌）。对病情较重的子、幼兔，患传染性较大的病兔，愈后可能影响繁殖的种兔和患有遗传疾病的青年兔、幼兔等则应坚决早淘汰，同时对假定健康兔可进行紧急疫苗接种，发病兔不予接种。对不能利用的或患传染性强的疾病的病兔、死兔及粪便、垫草要做焚烧或深埋等无害化处理。经过一定时间的隔离、消毒和治疗，待疫情消除后方可解除隔离。

（一）治疗

兔病的治疗方法有外科疗法、内科疗法、中毒病的特效解毒药的应用、血清制品的应用、接种疫苗等，根据疾病种类不同可使用一种、两种或两种以上的方法治疗。另外，不管哪一种治疗方法，都要涉及到用药，根据疾病不同可选择适宜的药物和给药方法进行治疗。

1. 外科疗法 主要指的是对患病部位或针对病因施行外科手术和用药的方法。如脓肿、肿瘤的部位麻醉及其切除、用药、包扎，外伤的消毒、缝合或包扎，骨折和脱臼的复位和固定，剖腹产、大家畜的人工助产及其用药，皮肤病、结膜炎、口腔炎用药等，均属外科范畴。

2. 内科疗法 主要是根据疾病的不同选用不同的药物和给药方法，进行全身性的治疗和调理。如便秘，要润肠通便，可使用植物油灌服或肛门给药等，腹泻就要止泻、补液、消炎杀菌等。外伤失血过多、难产等疾病，除施行外科手术外，还要进行强心，补充体液、能量和电解质，并应用一定量的抗生素防止继发感染。

3. 中毒病的解毒 如有机磷中毒可注射解磷定进行特效解毒,同时要采用内科疗法强心补液。无特效解毒药的中毒如食盐中毒,可口服大量葡萄糖水促进排泄,同时补加维生素C和维生素K缓解出血,还要饲喂一定量的抗生素防止继发感染。

4. 血清和疫苗 某些传染病无有效药物用于治疗,除大群兔用某些药物对症治疗和缓解症状外,对那些有治疗价值的兔可用特异性抗血清进行注射,可取得良好的治疗效果。对于大群的假定健康兔可使用疫苗进行紧急预防接种,有时可取得良好效果,而对于发病兔一般不进行疫苗注射。

（二）给药方法

给药方法包括口服用药、注射给药、直肠给药和外用药等方法。口服用药有人工直接（灌服或胃管）投药、拌料用药和饮水用药。注射用药法有皮下注射、肌肉注射、腹腔注射、静脉推注和滴注等,需要说明的是注射给药时,对所使用的注射器、针头必须经严格消毒（高压蒸气或煮沸消毒）处理,注射前后,对注射部位要经剪毛后并使用75%酒精棉球局部消毒,注射一个兔换一个针头,以防造成疾病的传播。

根据所治疗的疾病可选取不同的给药途径,如创伤、皮肤脓创等要用外用药,腹泻要口服用药,肺炎可以口服、注射用药等。药物性质不同给药途径也不同,消化道疾病用药可选用不易吸收的药物,其他器官疾病时用药如是口服就要选取在消化道内易溶解吸收的药物,注射用针剂则要求易吸收、对组织无刺激性或刺激性很小等。相同的药物用药途径不同会有不同的药效,如硫酸镁口服有泻下作用,而注射则是肌肉松弛作用等。由此可见,用药途径不同,不仅影响药物作用的快慢和强弱,有时还可改变药物的基本作用,有的因药物的性质不同也需要不同的给药途径。所以,在临床工作中要根据具体情况选择适当的给药方法和给药途径。

1. 灌服 主要用于饮食欲降低或不食的患病兔,另外,用药量小、药物有异味等也可使用此方法。先将药品捣碎后加适量水,吸入不带针头的注射器内,然后从一侧口角处将注射器伸入口腔中部,缓缓注入药液,让病兔自行吞咽,操作时务求要慢,以避免误将药液注入喉气管中。如为不易溶于水的片剂或丸剂、饲喂对象又是青年兔以上的大兔,可用镊子夹取药片（丸）送入会厌部，让兔自行吞下即可。

2. 胃管投药 此法适用于投喂药量较大的中药浸剂、止酵排气药如食醋或萝卜汁、润肠通便如植物油等药物。用小型开口器开口，或用一个长约15厘米、直径约2厘米的结实木棒，在其中间钻一个比胃管直径稍大的小圆孔（用于通过胃管），将木棒横放于口裂，使中间的圆孔正对于咽喉部位，然后将胃导管（可使人用导尿管代替）插入端涂上润滑油，通过木棒小孔插入咽部，待引起吞咽动作时，及时将其插入食管，将胃导管的游离端（兔体要高于水面）插入水中，看是否有气泡产生，若有气泡说明误入气管，应拔出重插。在确定胃导管已插入胃内后，将导管游离端撤离水面并抬高，用抽满流体药物的注射器或橡皮球将药液从胃管的游离端孔注射入胃内，然后再用少量清水冲送，取出胃导管即可。

3. 拌料用药 适用于全群投药，且患病兔又尚有食欲、患消化道疾病、用药量大，药物不易溶于水、不易被氧化、药物毒性小、无特殊味道、在水中易失效的情况。将药物做成粉剂，计算好用药剂量，搞清是一天还是一次的用药量，准备出所要用的料量，先将药物放于少量的料中混匀后，再加入适量料混匀，逐级搅拌并混匀，以防搅拌不均引起中毒，混匀后即可饲喂，让家兔自行采食。

4. 饮水用药 适应于兔有饮欲、患消化道疾病、用药量大，药物无异味、易溶于水、不易与水发生化学变化等情况。先将经准确计算后所取的药物加于少量水中溶解、混匀，再加于要饮用的水中混匀，即可喂饮。

5. 皮下注射 适应于对组织无刺激性的注射剂，一般选在皮肤薄而松弛易移动的部位，如颈部、肩部、腋下、股内侧等部位的皮下。局部用75%酒精棉球消毒后，以左手捏起皮肤，右手持注射器，将针头斜向刺入皮下1.5厘米左右，极易将药液注入，并有小泡鼓起，注射完毕可用棉球轻按住针眼部位并同时抽出针头，轻按片刻即可，如注射时有很费力的感觉，可能针头在皮内，应重新刺针。

6. 肌肉注射 适应于对组织无刺激性的注射剂，一般选择肌肉丰满的臀部和大腿部无血管处进行注射，注射前局部用75%酒精棉球消毒后，左手拇指和食指固定注射部位的皮肤，右手持注射器，将针头稍斜刺入肌肉达一定深度，回抽注射器活塞无回血时，再将药液缓缓注入，注射完毕，可用棉球轻按住针眼部位并同时抽出针头，轻按片刻。

7. 静脉注射　适应于用药量大、药液对组织有刺激性的药物，一般选取耳外缘静脉进行注射，由助手保定并固定头部，局部用酒精消毒。左手拇指与无名指及小指相对捏住耳尖部，以食指和中指夹住压迫静脉向心端，使静脉血管充血怒张，不明显时，可用手指弹击局部数下或用酒精棉球反复涂擦刺激静脉处皮肤，至耳外缘静脉扩张后，右手持注射器，使针头与血管呈约 15 度角刺入静脉，然后近似平行地刺入静脉 1 ~ 1.5 厘米，稍微回抽注射器见有回血后，放松压住耳根部的手，再将药液缓缓注入，注射完毕拔出针头，并用棉球压迫针孔片刻以防出血。如见皮下鼓泡或有血液渗出，说明针头未在静脉管内，须立即调整针头部位，重新找静脉注入。注射时应严防将气泡注入，药液温度以 38 ~ 39℃为宜，注射速度不能过快，注意兔子的反应，如躁动不安，应暂停注射。与静脉注射类似的是静脉滴注，即平时所说的输液，对患病兔较为少用，主要用于输入的液体量大以及注入速度快时机体反应较大的药物如钙制剂等。

8. 腹腔注射　主要是当静脉注射无法实施时采用腹腔注射，也用于大量补充体液以及腹膜炎、肠道疾病等的用药治疗。将家兔仰卧保定、后躯抬高，注射部位在脐后方的腹中线一侧、局部消毒，左手捏提起皮肤和肌肉，将针头向着脊柱方向刺入腹腔约 2 厘米，回抽活塞，如无气体、液体及血液，将药液注入，推注时感觉轻快即可，注入完毕拔出针头后用棉球压住针孔片刻即可。当药液量大时应将其热水浴加热至与体温温度相当为宜。

9. 直肠给药　多在患病兔便秘时采用。将家兔仰卧，给小兔直肠用药时，可用去掉针头的注射器吸取药物后，直接将药物由肛门注入肠内。大兔直肠给药时，可用人用导尿管，将导管的前端涂以石蜡油或植物油后缓缓插入肛门到一定深度，再用注射器或橡皮球将药液注入直肠内，抽出导管即可。

10. 外用给药　主要是患有外伤、体表寄生虫或消毒时采用。一般先用浓度适宜的消毒药液清洗局部，再将治疗药物涂擦于患处，必要时可进行包扎。在防治兔体表寄生虫时还可使用药浴等方法，即将可以用于洗浴的药物配成一定的浓度，用药液浸或洗兔除头部眼、耳、口、鼻以外的其他部位。

二、兔的病毒性传染病

兔瘟

关键技术

诊断： 突然倒地抽搐、尖叫而死，鼻孔带血，心、脾、肾出血，肺水肿并有点状或斑状出血，肿大的肝脏有灰白色坏死灶。

防治： 对环境彻底消毒；病兔高免血清肌注2～3毫升／千克体重，无症状兔用灭活苗紧急接种。平时预防在45日龄和90日龄接种疫苗，以后每4个月免疫一次。

兔瘟是由病毒引起的兔的一种急性、高度接触性传染病，常呈暴发性流行，高发病率和死亡率，以呼吸系统出血及实质器官水肿、淤血和出血为特征，又称兔病毒性出血症。病原为兔出血症病毒，单股DNA病毒，列为类细小病毒。全国各地的不同毒株具有相同的抗原性。

（一）诊断要点

1.流行特点 各个品种、性别、年龄、用途的兔都可感染发生本病，以长毛兔、獭兔最容易感染本病，2月龄以下的小兔发病率较低，而3月龄以上的青年兔及成年兔发病率高，可达 70% ~ 100%，死亡率也可达到 90% ~ 100%，老兔和幼兔死亡率较低，哺乳兔很少发病。病原主要存在于病死兔、隐性感染兔与康复兔的组织器官中，并可排出体外，因而病兔、康复兔及感染本病而没有临床症状的兔是主要的传染来源，通过粪便、血、尿与病尸等所污染的环境、用具、草料、饮水、注射针头及饲养管理人员等传播，经呼吸道、消化道、外伤等感染。本病一年四季均可发生，但以春秋两季发病较多，每次流行持续时间一般为 7 ~ 13 天。

2. 症状　人工使兔感染本病的潜伏期是 2 ~ 3 天。一般根据发病的情况，如出现病兔到死亡和康复的时间、期间的症状等分为三个类型。

（1）最急性型：多见于流行初期和新出现本病的地区——新疫区，特点是发病急、病程短，常不表现任何临诊症状而突然蹦跳冲撞、倒地抽搐、发出几声尖叫而死亡，可见有些病死兔鼻孔内流出带有血液的泡沫状液体。

（2）急性型：与最急性型比较，此型发病较为缓慢，病兔精神沉郁、食欲减退或不食，通过用手触摸可以感受到病兔体温升高，量其体温可达 41℃以上，病兔呼吸急促，心跳加快，鼻端发紫，有的病兔出现腹泻或便秘，粪便上带有胶冻样物，极少病兔可见有血尿，一般持续数小时最多 2 天，便可出现呼吸加快、蹦跳、惊厥、倒地抽搐、发出尖叫而死。

（3）慢性型：多发生在流行后期和经常发生本病的地区——老疫区，病程持续时间较长，症状不典型，表现为精神不振、食欲降低、消瘦，体温有所升高，死前可见前脚向两侧伸展，头触地，最后衰竭死亡，如能耐过，生长缓慢、发育不良，仍然可以排出病毒。

3. 病变　口、鼻孔、肛门、阴道等天然孔常有血液流出。可视黏膜与皮肤暗红或紫红色。上呼吸道黏膜淤血、出血，以气管最为明显，呈点状或弥漫性出血。最典型的特征是肺水肿、淤血、斑点状出血，故又称本病为出血性肺炎。心脏肿大，心包多有积液，心内外膜有出血点。肝淤血肿大，色暗红或红黄，质地脆弱，也可见出血和灰白色坏死灶。胆囊肿大，充满暗绿色浓稠的胆汁。脾脏肿大、充血、出血，质地脆弱。肾充血、肿大，呈暗红、紫红或紫黑色，被膜下可见出血点和灰白色斑点。胃黏膜潮红，肠浆膜可见出血斑点。全身淋巴结肿大、出血。脑和脑膜血管明显淤血扩张，有脑膜脑炎病变。慢性病例无典型病变。

急性病例根据流行特点、症状和病理变化可做出初步诊断，确诊常用的诊断方法是红细胞凝集抑制试验，即用已知的抗兔病毒性出血症血清检查病料组织中的病毒，阳性反应即可确诊。有条件时可进一步诊断，即采取病料进行动物接种试验和电镜观察病毒的存在。

（二）类症鉴别

本病在病变和症状上易与兔的巴氏杆菌病和魏氏梭菌病混淆，应注意鉴别。

1. 兔巴氏杆菌病　本病主要呈败血性变化，和兔败血型巴氏杆菌病相似。但兔巴氏杆菌病可发生于任何月龄的兔，无明显年龄界限，且多是散发，无神经症状；肝、肾不肿大，且无明显色泽改变，肝有许多坏死点，呼吸器官、心脏及肠黏膜虽有出血变化，但不及本病的明显；有鼻炎症状，后期有下痢表现，用抗生素和磺胺类药物治疗有效。另见巴氏杆菌病的类症鉴别。

2. 兔魏氏梭菌病　兔魏氏梭菌病主要以急性腹泻和盲肠浆膜有鲜红色出血斑为特征。

（三）防治

1. 预防　做好日常防疫工作，不从疫区引进兔、饲料、兔产品及用品用具。无论从何地引进的兔都要搞清其防疫情况，进行1～2周的隔离观察，定期接种兔瘟灭活苗，颈部皮下注射。新断乳幼兔一般在45日龄进行第一次接种，剂量为0.5毫升，幼兔接种后3个月加强免疫一次，成年兔每4～6个月免疫一次，剂量为1～2毫升，可控制此病的流行。

2. 治疗　本病无特效化学治疗药物。一旦发生本病，要及时封锁兔场，隔离病兔，由于病毒存在于病兔所有的器官组织、体液、分泌物和排泄物中，以肝、脾、肺、肾及血液内含量最高，所以死兔要深埋或烧毁，对环境、笼、舍、用品用具，可用2%的火碱或3%的过氧乙酸等彻底消毒。剩余的草料、饮水加消毒药液后深埋。饮用水要用深井水或凉白开水，草料要用0.5%的高锰酸钾浸洗晾干后饲用。对场内未发现症状的兔必要时可紧急预防接种，发病初期，对有治疗价值的病兔可用高免血清肌肉注射，剂量为2月龄以内的兔2毫升／千克体重，成年兔3毫升／千克体重，有较好的治疗效果，待病情稳定后使用兔瘟灭活苗进行预防接种，剂量为1～2毫升，以后每4个月免疫1次。

传染性水疱性口炎

关键技术

诊断：多见于幼兔，头、颈、胸、爪等部位的毛湿成一片，嘴角、唇、舌、口腔等部位出现水疱，水疱溃烂后引起坏死溃疡。

防治：隔离病兔，兔舍、笼及用具等要消毒；病变部位用1%的食盐水清洗后，涂以碘甘油，每日3次，同时用磺胺二甲氧嘧啶，每次每千克体重用药0.1～0.15克，每日2次，防止继发感染。饲喂易采食、易消化的柔软饲草。

本病是由水疱性口炎病毒引起的，以口腔黏膜发生水疱性炎症，流泡沫样口涎为主要症状的急性、热性传染病，又称流涎病。本病在国内外各地区均有流行。病原是水疱性口炎病毒，为弹状病毒科，水疱性病毒属，为单股 RNA 病毒。

（一）诊断要点

1.流行特点　发病率和死亡率较高。主要侵害 1～3 月龄的幼兔，最常见的是断奶后 1～2 周龄的子兔，一般成年兔很少发生，春秋两季多见。病兔病变部位的水疱皮、水疱液及口腔分泌物是主要的传染源，健康兔通过采食被污染的饲料、饮水而感染，饲喂易造成口腔损伤的饲料可诱发本病。

2.症状　感染本病后的潜伏期为 5～6 天，出现症状前有的病兔发热，随后可见口腔黏膜潮红、肿胀，接着便可见嘴角、唇、舌、口腔等部位的黏膜上出现粟粒大至黄豆大的水疱，水疱内充满液体，不久便溃烂，从而引起唇、舌、口腔黏膜坏死溃疡，可继发细菌感染，有恶臭味；由于炎症刺激而流出大量唾液，故称流涎病。大量流出的唾液致使嘴、脸、颌下、颈、胸、爪等部位的毛湿成一片，可造成局部皮炎而脱毛。由于口腔炎症，病兔采食、咀嚼困难，食欲降低，长时间不愈可使兔消瘦虚弱，最后衰竭死亡，病程一般 5～10 天，病死率可达 50%。

3.病变　可见尸体消瘦，唇、舌、口腔黏膜发红，有水疱、脓包及其破溃后形成的糜烂和溃疡；口腔及咽喉部积存有大量唾液，食道、胃肠道有炎性病变，胃扩张并积存有大量液体。

（二）类症鉴别

本病应与兔痘、物理损伤以及由化学药物、有毒植物、真菌毒素的刺激等引起的口炎及坏死杆菌病引起的口炎相鉴别。

1. 兔痘 除口腔有病变外，病兔的内脏、皮肤有丘疹和结节，有眼睑炎、化脓性眼炎、溃疡性角膜炎等变化。

2. 理化因素引起的损伤 病兔的唇、舌、口腔等部位和脓包等病变。

3. 坏死杆菌病 见坏死杆菌病的类症鉴别。

（三）防治

1. 预防 加强饲养管理，饲喂易采食、易消化的柔软饲草，防止外伤和刺伤，严格卫生防疫制度，不从发病地区引进种兔，平时对笼舍及用具等可用2%的火碱、20%的草木灰或0.5%的过氧乙酸定期消毒。

2. 治疗 发病后要立即隔离病兔，烧毁或深埋死兔，兔舍、笼及用具等用上述消毒液进行消毒；对病兔加强饲养管理，饲喂易采食、易消化的柔软饲草，病变部位可用1%的食盐水或0.1%的高锰酸钾溶液清洗后，涂以碘甘油、碘胺软膏或磺胺粉，每日3次，同时用磺胺二甲基嘧啶，每个兔每次每千克体重中用药0.1～0.15克，每日2次。或其他抗生素均按说明使用，防止继发感染。

兔痘

关键技术

诊断： 传播迅速、病死率高；眼睑炎、溃疡性角膜炎；皮肤、颜面、口腔、上呼吸道器官出现丘疹或结节，相应部位水肿或出血；子宫或睾丸、肾上腺、甲状腺、胸腺和唾液淋巴结肿大、坏死。

防治： 用天花疫苗（牛痘苗）预防注射。本病无特效药物治疗，发现病兔及时隔离。

兔痘是由病毒引起兔的一种急性、全身性病毒感染的高度接触性传染病。其特征是皮肤和黏膜上发生特殊的丘疹和疱疹。传染性强，发病率高，死亡率高。病原为痘病毒科的痘病毒，DNA型病毒。

（一）诊断要点

1. 流行特点　兔痘只有家兔可自然感染发病，各种年龄兔均可感染本病，幼兔和孕兔发病后的死亡率较其他兔高，患病兔是传染源，病灶处痘疹形成的水疱、脓包破溃物以及眼、鼻分泌物、干燥的痂皮均可散毒，多数是通过吸入污染病毒的飞沫、尘埃而感染，也可直接接触感染。本病一旦侵入，传播十分迅速，但康复兔可获得坚强的免疫力。

2. 症状　本病为一种急性全身性疾病，病毒一旦侵入机体可迅速繁殖向全身扩散引起发病，一般新疫区兔发病的潜伏期为2～9天，老疫区为7～15天，临诊上根据其症状特点，可分为痘疱型和非痘疱型。

（1）痘疱型：临诊上表现为病兔在发病初期体温升高。病毒可在呼吸道黏膜上皮增殖，致使黏膜上皮分泌物增多，鼻液增多、呼吸困难。一般在感染后5天可见到皮肤上出现红斑，逐步发展为丘疹，后2～3天内变成水疱，有的发展成脓包，逐渐干燥形成痂皮，严重时可见出血。病变多见于眼、耳、口、腹部、阴囊等处，还可触及到腹股沟和淋巴结的肿大。病毒在眼结膜上皮繁殖时可引起流泪、怕光，进而发生眼睑炎，出现浆液性或脓性分泌物，发展成溃疡性角膜炎。病变发生在鼻腔、口腔时可引起局部水肿、坏死，甚至出血。病程7～10天，多数预后不良。

（2）非痘疱型：病兔可表现出精神沉郁、食欲减退、发热，舌、唇部黏膜上可见有少数散在丘疹，有时出现结膜炎和下痢等症状，如侵袭到神经系统时则可发生共济失调、麻痹等症状，一般于感染后7天左右死亡。

3. 病变　皮肤、颜面、口腔、上呼吸道及肝、脾、肺等器官出现丘疹或结节。皮下水肿或出血；呼吸道黏膜有卡他性出血性炎症，肺脏呈现弥漫性肺炎及灶性坏死，可见很多小的灰白色结节；肝、脾肿大，黄色，有很多灰白色结节和小的坏死灶；子宫或睾丸水肿、坏死；肾上腺、甲状腺、胸腺和唾液腺均有坏死灶；淋巴结肿大、坏死。

（二）类症鉴别

本病应与传染性水疱性口炎、物理损伤以及由化学药物、有毒植物、真菌毒素的刺激等引起的口炎相鉴别，详见传染性水疱性口炎的类症鉴别。

（三）防治

1. **预防**　无兔痘疫苗用于免疫预防，可加强卫生防疫工作，避免引入病原，在发生过本病的地区可以用天花疫苗（牛痘苗）进行预防注射，可以获得良好的免疫力。

2. **治疗**　本病无特效药物治疗，发现病兔及时隔离处理，可用牛痘疫苗进行紧急预防接种。由于本病毒对热、直射阳光、碱和大多数常用消毒药均较敏感，所以可用任何消毒药进行环境的消毒。

子兔轮状病毒感染

关键技术

　　诊断：发生在寒冷季节，半流质或水样粪便，内含黏液或血液，发病率和死亡率高。小肠广泛充血肿胀，结肠肿胀、淤血，盲肠扩张，内充满大量液体内容物。

　　防治：坚持自繁自养，病死兔、排泄物、污染物一律深埋或焚烧处理；对病兔应加强护理，及时补液、补充电解质；用轮状病毒抗血清给病兔注射。

　　子兔轮状病毒感染是由轮状病毒引起幼龄兔以呕吐、腹泻、脱水为主要特征的一种急性胃肠道传染病。病原属呼肠孤病毒科的轮状病毒，各种动物的轮状病毒在形态上无法区别，是 RNA 病毒，由 11 个双股 RNA 片段组成，双层衣壳，因像车轮而得名。

（一）诊断要点

1. **流行特点**　主要发生于 2 ~ 6 周龄子兔，尤以 4 ~ 6 周龄子兔最易感，发病率可达 90% ~ 100%，死亡率也很高。青年兔和成年兔常呈隐性感染而带毒。病兔和隐性感染兔为主要传染源，病毒主要存在于消化道内，随粪便排出体外后污染周围环境及用具、饲料、饮水。本病主要通过消化道感染。由于痊愈兔可连续排毒 3 周，病毒可由一种动物传染另一种动物，使得环境中的病毒长期传播，天气、饲养管理、卫生状况不好是本病的诱发因素。该病一般是突然发病，迅速传播。兔群一旦发病，以后将每年连续发生，不易根除。晚秋至早春为多发季节，发病后 2 ～ 3 天内常因脱水而死。

2. 症状　不同动物感染后的潜伏期不同，子兔感染病后的潜伏期一般为 18 ～ 96 小时，患兔初期精神不振、厌食，继之出现以腹泻、昏睡、废食、体重减轻和脱水为主要特征的症状。体温不高，常排出半流质或水样粪便，内含黏液或血液，兔的会阴或后肢被毛部位常被稀粪污染。一般多数病兔出现下痢后 2 ～ 4 天死亡，只有少数病兔康复。青年兔或成年兔常无明显症状。

3. 病变　本病毒主要侵害消化道，尤其小肠和结肠粘膜上皮细胞，引起细胞变性、坏死和粘膜脱落。小肠广泛充血肿胀，结肠肿胀淤血，盲肠扩张并充满大量液体内容物。

最后确诊还需采取病料（病死家兔小肠后段内容物）进行病毒学分离或通过电镜观察病毒。也可以检测病兔血清中轮状病毒抗体。

（二）防治

1. 预防　坚持自繁自养，不从有本病流行的兔场引进种兔。必须引进时要做好疫情调查工作。平时加强饲养管理，提高兔抗病力，减少疾病的发生。

2. 治疗　本病无特效药物治疗。兔场发生本病时，要立即隔离，全面消毒；病死兔、排泄物、污染物一律深埋或焚烧处理；对病兔应加强护理，即使补液、补充电解质，可用电解质多种维生素饮水剂饮水；使用轮状病毒抗血清给病兔注射有一定疗效。

纤维瘤病

关键技术

诊断：皮下和黏膜下结缔组织有球形、坚硬的实质性肿瘤。病兔食欲、精神和活动均正常，局部无炎症坏死反应。

防治：平时注意对场地和用具等进行消毒，驱杀蚊虫，减少发病机会。发现病兔和疑似病兔可隔离饲养，加强消毒，待完全康复后可解除隔离。

本病是由纤维瘤病毒引起的某些品种兔的一种良性肿瘤病，其主要病变特征是以皮下和黏膜下结缔组织形成球形、坚硬的实质性肿瘤。肿瘤大小不一，一般小的直径为 1 ~ 2 厘米，最大可达 7 厘米。触摸可在皮下移动，可保持几个月甚至一年。

病兔食欲、精神和活动均正常，局部无炎症坏死反应，呈良性经过。该病主要经蚊虫或其他吸血昆虫的直接吸血而传播。

目前对本病尚无有效的防治方法，发现病兔后对场地和用具等进行彻底消毒，由于本病不影响兔的食欲和活动，对病兔和疑似病兔可隔离继续饲养，待完全康复后方可解除隔离。平时注意对场地和用具等进行消毒，注意驱杀蚊虫，减少发病机会。

疱疹病毒感染

关键技术 ————————————————————

诊断：皮肤和黏膜出现红斑及丘疹病变，有时可波及到外生殖器并引起充血、水肿和肿瘤。

防治：无有效控制方法。要注意隔离、消毒，采取对症治疗，增加病兔抵抗力，防止继发感染。

————————————————————————————————

本病是由疱疹病毒引起的，以皮肤和黏膜出现红斑及丘疹病变，有时可波及到外生殖器并引起充血、水肿和肿瘤为特征的一种潜在性慢性传染病。病毒可伴随家兔数年或终生，一旦条件适宜时，病毒重新激活，造成复发性感染，呈现明显的临诊症状。

目前对本病的自然感染流行情况不清楚。尚无有效控制方法。发病以后要注意隔离、消毒，采取对症治疗，增加病兔抵抗力，防止继发感染。

传染性黏液瘤病

关键技术 ————————————————————

诊断：沉郁、厌食、体温升高，眼睑、鼻、唇和耳部水肿，母兔阴唇水肿，公兔阴囊肿胀，头部肿胀似"狮子头"样，切开病变皮肤，可见黄色胶冻样液体聚集。自然发展则充血、破溃，流出淡黄色浆液，有的可见脾脏肿大，淋巴结水肿出血。

防治：对引进种兔要严格观察、检疫，定期接种黏液瘤灭活苗。无有效的治疗方法，一旦发生此病，应坚决采取捕杀、消毒、烧毁等措施。对假定健康兔，应立即使用疫苗进行紧急接种注射。

本病是由黏液瘤病毒引起的兔的一种高度接触性和致死性传染病，以全身皮下，尤其是颜面部和天然孔周围皮下发生黏液瘤性肿胀为特征。病原是痘病毒科的兔黏液瘤病毒，与兔纤维瘤病毒在血清学上存在交互反应。本病毒包括不同毒株，各毒株间毒力和抗原性有一定的差异。

（一）诊断要点

1. 流行特点　主要侵害家兔和野兔，由于病毒主要存在于病兔全身的体液和脏器中，以眼垢和病变即皮肤渗出液中含量最高，所以，除病兔和带毒兔为主要的传染源外，其所接触的所有物体均有传染性，因此其主要传播方式是直接与病兔以及排泄物、被污染的饲料、饮水和用具等接触而感染，自然界中主要的传播方式是通过吸血的节肢动物如蚊和蚤的叮咬而间接感染。因此，虽然一年四季均可发生本病，但在蚊虫大量滋生季节发生比较多。

2. 症状　由于黏液病毒不同毒株之间的毒力差异较大，不同品种兔对其敏感性也不同，所以，临诊症状也有一定的差异。

本病的潜伏期一般为 2～11 天，病兔最先出现的典型症状是发展迅速的结膜炎，可见眼睑水肿并伴有奶油样的分泌物和鼻漏，精神倦怠，厌食，体温可达 42℃。急性者在出现症状 4 天内可死亡。不死者，精神渐进性沉郁，被毛粗乱，进而眼睑、鼻、唇和耳部水肿，头部肿胀似"狮子头"样，母兔阴唇水肿，公兔阴囊肿胀，触摸肿胀处硬而突起，边界不清，进而充血、破溃，流出淡黄色浆液，常常是鼻孔有多量分泌物流出，呼吸困难，进而昏迷死亡，有的死前出现惊厥。多数发病后 1～2 周死亡，死亡率一般为 50%～90%，甚至达 100%。个别兔也可存活几周，在这种兔的鼻、耳和前肢常出现纤维素性结节。

养兔较为集中的地区，本病常表现为呼吸道症状，主要是接触传染，潜伏期一般为 20～28 天，一年四季均可发生，病初为卡他性鼻炎，进而表现为脓性鼻炎和结膜炎，皮肤病变轻微，仅表现为耳部和外生殖器的皮肤上的炎症斑点，少数病例的背部皮肤上有散在的结节。

3.**病变** 死后剖检无特异性病理变化，主要是皮肤肿瘤和皮下水肿，可见皮肤充血、出血、肿胀、有结节状物或肿块或界限不清的肿胀突起，尤以天然孔周围水肿为甚，切开病变皮肤，可见黄色胶冻样液体聚集，严重时可见皮肤出血。有的可见脾脏肿大，淋巴结水肿出血，生殖器官肿胀。

（二）类症鉴别

本病重点应与兔痘、兔纤维瘤和出血性败血症相区别。

1.**兔痘** 以皮肤丘疹、坏死、出血及内脏有灰白色小结节病灶等为特征。

2.**兔纤维瘤** 局部无脓性水肿，一般无或有轻微的炎症、坏死症状，在结节形成后约4周可被吸收而结痂。该病全身反应轻微，常为良性经过而不会致死。

3.**兔出血性败血症** 断乳前的子兔一般不发病。病兔有神经症状，鼻腔流出鲜红泡沫样分泌物，实质脏器出血、肿大。

（三）防治

1.**预防** 我国尚没有此病的报道，所以，对进口种兔要严格观察、检疫，对进口兔应隔离检疫1个月。为控制本病的发生，未发生本病的地区不要接种疫苗，一旦发现本病要定期接种黏液瘤灭活苗。近来也有人用经过人工致弱的MSD／B株病毒制成疫苗，对兔安全无害，有很强的免疫原性。

2.**治疗** 目前对该病无有效的治疗方法，一旦发生此病，应坚决采取捕杀、消毒、烧毁等措施。对假定健康兔，应立即使用疫苗进行紧急接种注射。

兔乳头状瘤病

关键技术

诊断： 皮肤乳头状瘤可发生在各个部位的皮肤上，黑色或暗灰色。口腔乳头状瘤可见于舌腹面、齿龈、口腔底部，色泽灰白、呈结节状，形似菜花。

防治： 发现患兔应捕杀烧毁，对环境、笼舍进行消毒。加强饲养管理，避免口腔炎症的发生。目前对其无有效治疗方法。

兔乳头状瘤病是由乳多孔病毒科乳头状瘤病毒属的、在血清学上互不相关的两种病毒各自分别引起的，只发生于口腔黏膜上或发生在除口腔黏膜以外任何部位皮肤上的乳头状瘤。

（一）诊断要点

1. **流行特点**　发生在除口腔黏膜以外的任何部位皮肤上的乳头状瘤病（皮肤乳头状瘤），原发于野生棉尾兔，家兔也可感染。患病兔是主要的传染源。通过直接接触、外伤、昆虫叮咬传播，因此，只要兔群中有一只患病兔，本病就可一直存在。兔体皮肤上的肿瘤可以发生恶性变化。只发生于口腔黏膜上的乳头状瘤病（口腔乳头状瘤）可感染家兔、棉尾兔，患病兔是主要的传染源，可通过口腔唾液、哺乳传播，但只有在口腔黏膜有损伤时才能诱发肿瘤。

2. **症状和病变**　皮肤乳头状瘤，一般数量不等，一个、几十个甚至上百个，可发生在头部、颈侧、肩部、背部、腹部、乳腺、大腿内侧、肛门四周等各个部位的皮肤上，呈黑色或暗灰色，大的直径 0.5 ～ 1.0 厘米、高 1.0 ～ 1.5 厘米，表面有角质层。口腔乳头状瘤可见于舌腹面、齿龈、口腔底部，色泽灰白、呈结节状，形似菜花，数目多、个体小，小的通常平滑、突起，大的直径可达 0.5 厘米、高 0.4 厘米。

有的乳头状瘤表面可能发炎、出血。

（二）防治

本病的发生一般不影响兔的健康，但大量肿瘤的发生可能会影响兔的生长，也影响兔皮毛和肉的品质，同时有资料显示长期饲养（200 天以上）可能会发生恶性变化，另外其还是传染源，所以，发现患兔应捕杀烧毁，对环境笼舍进行消毒。加强饲养管理，避免口腔炎症的发生。目前对其无有效治疗方法。

成肾细胞瘤

关键技术

诊断：必要时可试用B超确诊。剖检可见一侧或两侧肾发生肿瘤，肿瘤大小、数量不一，结节状或分叶状，质地坚实、有包膜，切面呈灰红或灰白色，质地均匀或有囊腔、出血、坏死，正常的肾组织受肿瘤挤压而萎缩。

防治：无有效的防治方法。确诊后，必要时可施行外科手术将其切除。

本病为胚胎性肿瘤，即其起源于胚胎发育时期的后肾胚芽，所以又有肾母细胞瘤、肾胚瘤等名称，是未成年家兔多发的一种肿瘤病。目前对其发生的病因和机理还不清楚。

（一）诊断要点

本病的研究及资料甚少，生前症状不明显，一般只在屠宰或死亡后解剖时发现。必要时可试用B超确诊。剖检可见一侧或两侧肾发生肿瘤，起始于皮质或可波及整个肾脏，肿瘤大小不一、结节状或分叶状，多位于肾的前端，质地坚实、有包膜，切面呈灰红或灰白色，质地均匀或有囊腔、出血、坏死，正常的肾组织受肿瘤挤压而萎缩。

（二）防治

目前对本病无有效的防治方法。确诊后，必要时可施行外科手术将其切除。

淋巴肉瘤

关键技术

诊断：临诊表现贫血，剖检可见消化道的淋巴结滤泡和淋巴集结明显肿大、呈灰白色，脾肿大、切面有灰白色颗粒状结节，肝、肾肿大并有灰白色的隆起或结节，卵巢、肾上腺和胃也可见肿瘤性病变。

防治：无有效的防治措施。

淋巴肉瘤病是以血液中淋巴细胞数量增加、淋巴器官和淋巴结肿大及相关器官的淋巴肉瘤为特征，发病机制不很清楚，一般认为与遗传等因素有关。

（一）诊断要点

本病多发生于幼年兔和青年兔，最常见于6月龄至2岁龄的兔。临诊表现贫血、血红蛋白降低、中性粒细胞减少，未成熟的淋巴细胞数量明显增加。剖检可见消化道的淋巴结滤泡和淋巴集结明显肿大、呈灰白色，脾肿大、切面有灰白色颗粒状结节，肝、肾肿大并有灰白色的隆起或结节，卵巢、肾上腺和胃也可见肿瘤性病变。

（二）防治

因其流行病学和发病机制不详，所以无有效的防治措施。

子宫腺癌

关键技术 ─────────────────────────

诊断：根据临诊症状怀疑兔患本病时，可进行剖检，并发现子宫黏膜上有一个或多个大小不等的肿瘤，瘤体呈淡红或灰红色、质地坚实，可确诊。

防治：保证饲料营养全价、平衡，减少应激反应，适龄配种，并防止妊娠毒血症的发生。必要时可施行子宫切除术并转为肉用兔饲养。

─────────────────────────────────

子宫腺癌一般认为是由于内分泌功能紊乱、妊娠毒血症时雌性激素分泌增加等导致子宫黏膜发生肿瘤和兔生殖机能障碍的一种疾病。

（一）诊断要点

本病多发生于4岁龄以上的老龄兔，随病情的发展和肿瘤的形成，病兔逐渐消瘦，并出现生殖机能障碍，如不孕、子宫外孕、难产、死胎或产子数减少等，剖检可见子宫黏膜上有一个或多个大小不等的肿瘤，直径1～5厘米甚或更大，瘤体呈淡红或灰红色、质地坚实，肿瘤发生扩散时可在肺等其他脏器上发现肿瘤。

生前难以确诊，根据临诊症状怀疑兔患本病时，可进行剖检或病死后剖检才能发现。

（二）防治

加强饲养管理，保证饲料营养全价、平衡，减少应激反应，适龄配种，并防止妊娠毒血症的发生。发生本病时可予以淘汰，有必要时可施行子宫切除术并转为肉用兔饲养。

三、兔的细菌性传染病

巴氏杆菌病

关键技术

　　诊断：体温升高，突然死亡。胸腔内有黄色积液，喉和气管黏膜充血、出血，大量红色泡沫；肺严重充血、出血及水肿，有灰白色绿豆大脓肿病灶；心、肾、膀胱、肠黏膜充血、出血；脾脏、淋巴结肿大、出血。

　　防治：严格消毒和隔离制度，自繁自养，疫区要坚持注射疫苗。发病时，死兔要烧毁或深埋，假定健康兔进行紧急预防注射，对病兔注射抗血清，每千克体重皮下注射2~8毫升，青霉素、链霉素肌肉注射每次各5万~10万单位，每日2次，连用3~5天。

　　巴氏杆菌病是由多杀性巴氏杆菌引起的家兔常见的一种高度接触性传染病。急性病例以败血症和炎性出血过程为主要特征。病原是两端钝圆、中央微凸的短杆菌，革兰氏染色阴性，两端着色深，中央部分着色较浅，所以又叫两极杆菌。

（一）诊断要点

1. 流行特点　兔极易感，主要发生于青年兔和成年兔，哺乳子兔很少发病。由于30%～75%的健康家兔的鼻腔黏膜和扁桃体都带有巴氏杆菌，而不显临诊症状，当多种因素（如气温突变、饲养管理不良、长途运输等）引起兔机体抵抗力下降时，存在于上呼吸道黏膜及扁桃体内的巴氏杆菌就乘机大量繁殖，毒力增强，从而引起发病。病兔机体的大部分组织、体液、分泌物及排泄物里都含有病菌，只有少数慢性病例存在于肺脏的小病灶里，因此，病菌随病兔的口水、鼻液、粪尿等排出，又在兔群中引起反复感染，造成本病的流行。病菌可通过呼吸道、消化道或皮肤、黏膜伤口而感染。人、野禽及其他动物、用具均可成为机械性带菌者，外寄生虫也可起传播作用。

本病的发生一般无明显的季节性，但以冷热交替、气候巨变、闷热、潮湿、多雨时期发生较多，多呈现散发性或地方性流行，但对于兔，如不采取有效措施，可导致大面积流行，造成大的经济损失。

2. 症状　本病潜伏期1～5天，由于病原菌的毒力、感染途径与感染部位的不同，可出现败血症、鼻炎、肺炎、中耳炎、结膜炎、子宫积脓、睾丸炎和脓肿、生殖道感染等病症，临诊上可分为下面几种类型。

（1）急性型：又称败血型，以败血症和炎性出血过程为主要特征，故称出血性败血症。病兔精神沉郁、不食、呼吸急促，体温升高至41℃以上，喷嚏、流浆液性或脓性鼻涕，有时发生下痢，一般于出现症状后1～3天死亡。死前体温下降、全身颤抖、四肢抽搐、瘫痪，有的未见明显症状而突然死亡。

（2）亚急性型：多是慢性型病兔恶化的结果，主要呈现肺炎和胸膜炎症状。一般病兔的表现为不食、呼吸困难，细听似拉风箱声，流出黏液脓性鼻涕，喷嚏，体温稍有升高，食欲降低，有时发生腹泻、关节肿胀，眼结膜发炎呈蓝紫色，病程可持续1～2周，最后因瘦弱衰竭死亡。

（3）肺炎型：常常呈急性经过，有的虽有肺炎病变发生，但临诊上难以发现肺炎症状，而有的很快死亡，有的仅食欲不振、体温较高、精神沉郁。

（4）鼻炎型：多见于经常发生本病的养兔场内，病程可达数月或更长，以上呼吸道卡他性炎症为主，流出浆液性、黏液性或黏液脓性鼻液，病兔常打喷嚏，用前爪抓挠鼻部，使鼻孔周围的被毛潮湿、黏结甚至脱落，上唇和鼻孔周围皮肤发炎、红肿。还可见黏液脓性鼻液在鼻孔周围结痂和堵塞鼻孔，使呼吸困难并发出鼾声。如病菌侵入眼、耳、皮下等部位时，可引起结膜炎、角膜炎、中耳炎、皮下脓肿和乳腺炎等。

（5）中耳炎型：发生中耳炎时，一般无明显症状，但化脓时，可能体温升高、精神不振、食欲不好，脓汁潴留时，听觉迟钝。鼓室内壁充血变红，积有奶油状的白色脓性渗出物，若鼓膜破裂，脓性渗出物可流出外耳道。当病变波及内耳和脑部，脑膜和脑实质受到侵害时，则可出现运动失调和其他神经症状。单侧性中耳炎时，病兔将头颈歪向患侧，使患耳朝下，可出现斜颈症状，甚或向头颈倾斜的一侧滚转，直到抵住墙壁或围栏为止，故又称"斜颈病"。两侧性中耳炎时，病兔低头伸颈。

（6）其他病型：兔巴氏杆菌病也可表现为生殖器官的感染、结膜炎和身体其他部位的化脓性炎症。一般病程缓慢，最终因衰竭死亡，不死者发育停滞，长期带毒。

3. 病变　急性病例时病变，鼻黏膜充血并附有黏稠分泌物，喉和气管黏膜充血、出血，有大量红色泡沫。胸腹腔内有黄色积液，胸腹腔内的器官和皮下可能有充血和出血变化，如心脏内外膜出血、肺严重充血或出血、水肿等。肝脏常肿大、淤血，发生变性，有灰白色坏死点。肾、膀胱充血、出血。脾脏、淋巴结肿大、出血。肠黏膜充血、出血。与其他型并发时可见相应的病变，如鼻炎和肺炎病变。

亚急性病例可见病兔的肺呈纤维素性胸膜肺炎变化，严重时肺充血、出血及水肿，肺有纤维素性渗出物覆盖，甚至有脓肿形成，胸腔积液。鼻腔与气管黏膜充血、出血，并附有黏稠的分泌物。淋巴结发红、肿大、脓肿，在皮下和乳腺内也多见有脓肿。

肺炎型的病变为肺的纤维素性化脓性胸膜肺炎，病变多位于肺的前下方，如肺组织出血、实变，肺泡膨胀不全、有绿豆大脓肿病灶和灰白色小结节病灶。肺和心包膜常有纤维素性渗出物附着，心内外膜有出血斑点。

鼻炎型病变可见鼻孔周围皮肤发炎并附有黏稠分泌物，鼻黏膜充血、红肿并附有浆液性、黏液性或脓性分泌物，鼻窦和副鼻窦内有分泌物、黏膜红肿。

中耳炎型病变可见化脓性鼓室内膜炎和鼓膜炎。一侧或两侧鼓室内有白色奶油状渗出物；鼓膜破裂时这种渗出物流出外耳道。如炎症由中耳、内耳蔓延至脑部，则可见化脓性脑膜脑炎变化。

其他病型的病变可见化脓性结膜炎、子宫内膜炎（母兔）、附睾与睾丸炎（公兔）以及各处皮下与乳房等脏器的化脓性炎症。眼结膜炎多为双侧性，眼睑肿胀、发红，眼内有许多分泌物黏结。子宫内膜炎时可呈化脓性卡他变化，其表面有脓性分泌物，子宫腔内可见积脓。其他组织器官主要是脓肿的形成。

急性型可根据典型症状和病变做出诊断，亚急性型和其他几种病型的病例则需要进行实验室检查（无菌采取心、肝、脾等病变组织涂片染色镜检，如见有两极着染的卵圆形小杆菌，即可确诊。也可请当地防疫部门进行细菌分离培养鉴定和动物接种试验来确诊）。

（二）类症鉴别

本病应与兔病毒性出血症、支气管败血波氏杆菌病、葡萄球菌病等相区别。

1.病毒性出血症　兔病毒性出血症与本病的相互区别，见兔病毒性出血症类症鉴别。

2.支气管败血波氏杆菌病　支气管败血波氏杆菌病和本病均可引起胸膜炎，并以胸腔积脓为特征，也有卡他性鼻炎和化脓性肺炎，但支气管败血波氏杆菌病无中耳炎症状，病原为多形性的支气管败血波氏杆菌。

3.兔葡萄球菌病　兔葡萄球菌病见皮肤脓肿和脚皮炎，很少引起内脏脓肿、化脓性中耳炎和鼻炎。

（三）防治

1.预防　加强饲养管理，严格消毒和隔离制度，严禁其他畜、禽和野生动物进场，防止病原传入。经常检查兔群，看是否有患病个体，对流涕、喷嚏的可疑兔及时检出，隔离饲养、治疗或淘汰，对确诊而又不可救治的病兔要捕杀，与死兔一同进行深埋、焚烧等无害化处理，对病兔所在的群体和环境、用具等进行消毒，如场地用20%石灰乳或3%来苏尔溶液消毒，用具可用2%火碱水洗刷消毒，并对群体进行药物防治。

坚持自繁自养，创造卫生清洁、隔离完善的环境条件，如必须引进，要进行疫情调查，不引进疫区兔。对引进的兔要隔离饲养一定的时间（30天左右），确无病害时，方可入群。

定期对环境用具消毒。菌体对环境及普通的消毒药抵抗力不强，在干燥和直射阳光下很快死亡，一般常用消毒药物可立即将其杀死，5% 的石炭酸、1% 的漂白粉、5% ~ 10% 的热石灰水等作用 1 分钟均可杀死病原，均可作为预防消毒用药。

发生过本病的养殖场，要坚持注射巴氏杆菌灭活苗，如兔巴氏杆菌氢氧化铝灭活苗或兔出血症巴氏杆菌二联苗。发生疫情时，对假定健康兔进行紧急预防注射。

2. 治疗 可用抗巴氏杆菌多价血清，兔每千克体重皮下注射 2 ~ 8 毫升，8 ~ 10 小时后再注射一次，若同时配合青霉素、链霉素肌肉注射，则效果更好，一般青霉素 2 万 ~ 5 万单位，链霉素 5 万 ~ 10 万单位混合肌肉注射，每天 2 次，连用 3 ~ 5 天。

红霉素肌肉注射，每千克体重 10 万 ~ 15 万单位，效果也较显著。此外，如庆大霉素按每千克体重每次 1.5 万 ~ 2 万单位，每天 2 次，连用 3 天。四环素针剂肌肉注射对本病也有很好的治疗效果，按每千克体重每次 30 ~ 40 毫克，每天 1 次，连用 3 天。

磺胺二甲基嘧啶（SM2）内服，每千克体重 0.1 克，每天 1 ~ 2 次。或磺胺嘧啶，按每千克体重 0.1 ~ 0.3 克，每天 2 次口服，连用 5 天，首次量加倍。也可使用新诺明（片剂，每次 0.5 克），用于内服，首次用量按每千克体重 0.1 克，维持量每千克体重 0.05 克，每天 2 次。复方新诺明（片剂，每片含增效剂 TMP 0.08 克、新诺明 0.4 克）内服，每千克体重 0.03 克，每天 1 次。磺胺咪内服，首次量每千克体重 0.3 克，维持量减半，每天 3 次。

对有鼻炎症状的慢性病例，可选用青霉素、链霉素滴鼻，每毫升含 2 万单位，每天 2 次，连用 5 天。同时配合土霉素，每千克体重 0.025 ~ 0.04 克剂量混料喂给，每天 1 次，连用 5 天。

支气管败血波氏杆菌病

关键技术

诊断： 鼻腔流出黏性或脓性分泌物，打喷嚏，肺部有脓包。肝脏表面有时可见脓包，严重时可见心包和胸膜炎症，胸腔积脓，肌肉脓肿，脓液呈乳白色或灰白色。

防治： 坚持自繁自养，定期消毒，定期使用疫苗，淘汰病兔以减少污染。治疗以多途径及配伍用药效果良好。青霉素、链霉素，每千克体重各1万～2万单位肌肉注射，每天2次，连用3～4天。

支气管败血波氏杆菌病由支气管败血波氏杆菌引起，以家兔鼻炎、支气管肺炎和脓包性肺炎为主要症状。

病原呈卵圆形或多形态的小杆菌，革兰氏阴性，多呈两极着染。本菌对外界抵抗力不强，常用消毒药物均可将其杀死。

（一）诊断要点

1. **流行特点** 本病在兔中经常发生，广泛传播，可以侵害各龄兔，一般子兔、青年兔常呈急性经过，发病率和死亡率均较高，成年兔一般为慢性经过。病兔及其代谢物和所污染的物品是本病主要的传染源。主要经呼吸道感染，病菌常寄生在家兔的呼吸道中，因而在气候变化较为频繁的春秋季节以及生存环境条件较差、通风换气不良、感冒、寄生虫病等不利因素影响，或其他诱因如灰尘、强烈刺激性气体的刺激等，都可导致上呼吸道黏膜抵抗力减弱而引起发病。鼻炎型常呈地方性流行，而支气管肺炎型多呈散发性。本病常和巴氏杆菌病并发。

2. **症状** 由于兔的体质和感染程度不同，本病通常可表现为两种类型，即鼻炎型和支气管肺炎型。

（1）鼻炎型：多呈地方性流行，可见鼻腔黏膜充血，流出浆液性或黏性分泌物，病程长短不一，病兔多呈良性经过，少有死亡。

（2）支气管肺炎型：多为散发，由于鼻炎长期不愈，病兔抵抗力降低，进一步发展而侵害气管及肺组织，表现为从鼻腔流出黏性或脓性分泌物，打喷嚏，呼吸加快，食欲不振，逐渐消瘦。病程长，由数周可延至数月，当肺及肝发生化脓性病变时，多呈死亡结果。

3. **病变** 上呼吸道黏膜、支气管黏膜充血、出血，有多量浆液、黏液或脓性液体。支气管肺炎时，肺部有大小和数量不等的脓肿，小如粟粒、大的像乒乓球。肝脏表面有时可见豆粒大小的脓疮，严重时还可引起心包和胸膜炎病变，造成胸腔积脓、肌肉脓肿，脓液呈乳白色或灰白色，或可见肾、睾丸的脓肿。

从鼻腔分泌物或肺脏的脓包内分离到支气管败血波氏杆菌，从而确诊。

（二）类症鉴别

本病应区别于巴氏杆菌引起的胸膜炎、绿脓单孢菌病在内脏形成的脓包、葡萄球菌形成的化脓灶。

1.巴氏杆菌病 巴氏杆菌病与本病的鉴别见巴氏杆菌病类症鉴别。

2.绿脓单孢菌病 绿脓单孢菌病在内脏形成的脓包的脓液呈淡绿色或褐色。

3.葡萄球菌病 葡萄球菌病很少在肺部形成化脓灶。

（三）防治

1.预防 坚持自繁自养，必须引进时，要对新引进的种兔必须隔离观察1个月以上，并进行细菌学与血清学检查，确诊为阴性者方可混群。

加强饲养管理，做好卫生防疫工作。定期消毒，减少灰尘，保持兔舍的适宜湿度与温度，通风良好，避免异常气味的刺激。定期使用兔波氏杆菌灭活苗进行注射，每年2次。也可使用兔巴氏杆菌支气管败血波氏杆菌二联苗或兔巴氏杆菌支气管败血波氏杆菌兔出血症三联苗进行免疫注射。及时淘汰有鼻炎症状的病兔，以防引起传染。

2.治疗 对重症（支气管肺炎型、肺炎型）无治疗效果及长期不愈的病兔应及时淘汰，减少传染源。

对轻型病例应隔离进行治疗，使用抗生素治疗虽能使症状消失，但停药后又可复发。一般可选用四环素、卡那霉素、庆大霉素、链霉素及磺胺类药物治疗。

鼻炎型病兔可结合使用链霉素滴鼻有效。采用注射、滴鼻、饮水或拌料用药以及两种以上的药物同时使用效果更佳，但要注意药物的配伍禁忌。

可参考下列药物用法与用量：青霉素、链霉素，每千克体重各1万~2万单位肌肉注射，每天2次，连用3~4天；卡那霉素，每千克体重1万~4万单位肌肉注射，每天2次，连用3~4天；庆大霉素，每次1万~4万单位肌肉注射，每天2次，连用3~4天；磺胺嘧啶，每千克体重0.05~0.2克肌肉注射，每天2次，连用3~4天；酞酰磺胺噻唑，口服，每千克体重0.2~0.3克，每天2次，连用5天。

葡萄球菌病

关键技术

诊断：身体不同部位的皮下和内脏器官可见有数量不等、大小不一的脓包。子兔急性肠炎时可见小肠充血、出血，肠腔充满黏液，膀胱积满黄色尿液。乳房炎时局部红、肿、热、痛，甚至呈紫红色或蓝紫色，乳汁中常混有脓液或血液。

防治：清除活动地的锋利物，饲养密度适当，定期消毒。全身治疗可用庆大霉素，每千克体重2万～4万单位肌肉注射，每天2次，连用3～5天。局部可用0.1%高锰酸钾溶液清洗脓疮，然后涂布青霉素软膏治疗。

本病是由金黄色葡萄球菌引起的兔的以致死性败血症变化和任何器官部位的化脓性炎症为主要特征的传染病。病原呈卵圆形或为球形菌，大小基本一致，革兰氏染色阳性。

（一）诊断要点

1. 流行特点 本病是养兔场常见的传染病之一，家兔非常易感，可以危害各龄家兔，死亡率高。葡萄球菌广泛存在于家兔的周围环境及动物的体表、皮肤、黏膜、肠道、扁桃体和乳房等处，同时，病兔的排泄物中也带有大量病菌，病菌经各种途径（破损的皮肤、黏膜、脐带残端、呼吸道、哺乳母兔的乳管和破损的乳房皮肤等）进入体内，机体抵抗力降低时就会发病，幼龄兔和受应激因素作用的兔感染后，患兔多呈败血性经过，但多数病例只引起一些器官组织发生化脓性炎症。世界各地均有发生。

2. 症状 由于兔年龄、抵抗力、感染部位和感染程度的不同，临诊上常见的病症可以表现为如下几种类型。

（1）子兔脓毒败血症：子兔出生后2～6天，较大的兔一般为10～21日龄，在多处皮肤处出现粟粒大、黄豆大至蚕豆大的白色脓肿，一般多于2～5天内呈败血病死亡。病程较长者，大部分消瘦而死，不死者，尤其是皮肤脓肿慢慢变干、逐渐消失而痊愈。其主要病变为皮下和内脏器官如肺和心出现白色小脓包。

（2）脓肿：兔的全身各部位都可发生脓肿，原发性脓肿常位于皮下或某一脏器，病变部位初期表现为红、肿、热、痛，逐渐发展为数量不等、大小不一的脓肿，触之柔软有弹性，进而在肺、肝、肾、脾、心等部位发生转移性脓肿或化脓性炎。如是皮肤脓肿，则对病兔体况无多大影响，如是内脏脓肿，就会出现相应的机能症状，一般脓肿经 1～2 个月可自行破溃，流出乳白色或淡绿色脓汁，而使病原扩散，形成新的脓肿，在抵抗力降低或当脓肿向内破溃时，可引起全身性感染，呈败血症死亡。

（3）乳房炎：多发生在分娩后最初几天，由于乳头、乳房损伤如咬伤、挤压损伤等致使病菌侵入而被感染，患兔体温升高、不食，乳房肿胀，局部红、肿、热、痛，甚至呈紫红色或蓝紫色，乳汁中常混有脓液或血液，拒绝哺乳。转为慢性时，乳房皮下或实质内形成结节或脓肿。化脓性乳腺炎也可发展为全身性脓毒败血症。

（4）子兔急性肠炎：常因母兔患乳房炎后，子兔吃了母兔的乳汁而发病，通常全窝发病。病兔尿液发黄，俗称黄尿病。患兔肛门周围和后腿稀粪污染，兔体瘦弱，昏睡，死亡率很高，病程一般为 2～3 天。

（5）脚皮炎：多见于兔脚掌心的表皮上，皮肤红肿、脱毛，继而出现脓肿、溃烂，长期不愈，病兔不愿走动，小心换脚休息，影响运动、采食，生长缓慢、消瘦，抵抗力降低，严重时转为全身性感染，引起败血症，很快死亡。

（6）鼻炎：患兔流出大量浆液或脓性鼻液，在鼻孔周围干固结痂，致使呼吸困难，打喷嚏，常用前爪抓挠鼻部而引起损伤、感染、化脓，长期不愈易引起肺脓肿、肺炎和胸膜炎。

（7）外生殖器炎症：各龄兔均可发病，尤其是子兔和母兔，孕兔感染后易流产。母兔则主要是阴户周围和阴道溃烂或发生大小不等的脓肿，可从阴道内流出或挤出黄白色脓性分泌物，公兔主要在包皮上形成小脓肿，而后溃烂或结痂。

结膜感染时可发生化脓性结膜炎。

3. 病变　主要病变为身体不同部位的皮下和内脏器官可见有数量不等、大小不一的脓包，内脏脓肿时可见有结缔组织构成的包膜，内含浓稠的乳白色脓液。子兔急性肠炎时可见小肠黏膜充血、出血，肠腔内充满稀薄的黏液，膀胱膨胀并积满黄色尿液。

确诊可以用无菌方法采取脓包内脓液或小肠内容物涂片进行染色镜检，可见有革兰氏阳性、卵圆形葡萄状或连成短链状的球菌，也可到当地兽医部门进一步进行细菌分离培养或动物试验确诊。

（二）类症鉴别

本病应与巴氏杆菌病、支气管败血波氏杆菌病相区别，见两病的症状、病变和类症鉴别部分。

（三）防治

1.预防 加强饲养管理，保持舍内外环境卫生，清除笼舍及活动场地的锋利物，以防刺破皮肤，铺垫物要松软、清洁、干燥，防止初生兔被擦伤。饲养密度要适当，以防相互啃咬，发现外伤要及时涂擦紫药水或碘酊防止感染。

定期消毒，常用的消毒药中，本菌对石炭酸等消毒药物很敏感，以3%～5%石炭酸溶液消毒效果最好，用于消毒环境及用具可取得良好效果。笼舍和器具熏蒸消毒时，每立方米可用甲醛42毫升、高锰酸钾21克。

产子前后适当调整精饲料和多汁饲料的比例，预防乳汁过多、积乳，以防发生乳房炎。刚产出的子兔脐带口可用2%～3%碘酊或5%龙胆紫严格消毒，防止感染。分娩前3～5天，每千克饲料中添加土霉素20～40毫克预防本病的发生。

健康兔可用金黄色葡萄球菌蜂胶灭活苗，皮下注射1毫升，可以预防本病的发生。

2.治疗 可选用敏感药物进行全身或局部治疗。

（1）全身治疗：注射和拌料用药相结合进行全身治疗。肌肉注射苄青霉素或普鲁卡因青霉素，按每千克体重2万～4万单位，每天2次，连用4～5天。强力霉素，内服（片剂，每片0.1克），每千克体重5～10毫克，每天2次，连用4天，或静脉注射（粉针剂，每支0.1克，用适量生理盐水溶解稀释），每千克体重每天2～4毫克。也可用磺胺二甲基嘧啶，每千克体重首次量0.1～0.3克，维持量减半，每天2次，连用3～5天。庆大霉素或卡那霉素，每千克体重2万～4万单位肌肉注射，每天2次，连用3～5天。在选用上述药物时，可以配合使用维生素类制剂。

（2）局部治疗：局部的脓肿与溃疡，按常规外科方法处理，如先用0.1%高锰酸钾溶液清洗脓疮，然后撒布青霉素和链霉素（1∶1）的混合药粉，或涂以青霉素软膏、红霉素软膏等药物。乳房炎较轻者，先用0.1%高锰酸钾溶液清洗乳头，局部涂以鱼石脂软膏或青霉素软膏。严重者用0.1%普鲁卡因注射液10～20毫升加20万～40万单位青霉素，在乳房硬结周围分4～6点进行封闭注射，每天1次，连续3～5天。对鼻炎患兔，先用0.1%高锰酸钾溶液清洗鼻部干痂后，用青霉素滴鼻处理。

用75%的酒精几分钟可将病菌杀死，可用于工作人员手臂的消毒。

泰泽氏病

关键技术

诊断： 严重下痢、脱水、迅速死亡。盲肠、回肠后段、结肠前段肠黏膜萎缩、坏死，盲肠壁水肿增厚甚至坏死。盲肠和结肠内有水样含血的内容物。肝脏有点状白色坏死灶，心肌有针尖大小或条纹状灰或黄白色坏死灶。

防治： 注意环境卫生，及时隔离或淘汰病兔。青霉素、链霉素按兔体每千克体重分别用1万～2万单位和2万～4万单位混合肌肉注射，每天2次，连用3～5天，有一定疗效。

本病是由毛样芽孢杆菌引起的，以肝脏多发性灶样坏死、严重下痢、脱水和迅速死亡为特征的一种传染病。病原细胞内寄生，分类学地位待定，菌体细长，又具多形性，密生周鞭毛，能运动，能产生芽孢，但产生率低。革兰氏染色阴性。本菌在体外易自溶，但将患病动物的肝病料贮存于-10℃的环境中16个月仍有感染性。

（一）诊断要点

1. 流行特点 本病可以危害兔及其他多种动物，各龄动物均可发病，但多发于幼龄和断奶动物，隐性感染病例较为常见。兔对本病有很高的易感性，多发生于4～12周龄的兔群中，发病率和死亡率都较高，但断奶前的子兔和成年兔也可发病。患病、耐过和隐性感染动物为主要的传染源，而消化道是感染的主要途径，所以，带菌兔及其所接触过的环境、用具、水、料及人员均可将病菌传染给其他易感动物。另外，本菌还可通过胎盘和同类相食传染。秋末至春初为多发季节。使机体抵抗力下降的多种因素均可诱发本病。

2. 症状 成年兔多为慢性散发或隐性感染，其症状主要是下痢，且时好时坏。断乳前后的幼兔一般呈急性经过，主要症状表现为严重腹泻，粪便呈现褐色、糊状或水样，后肢粘满污粪，常伴有黄疸症状。病兔表现精神沉郁，食欲不振或废食，迅速脱水、消瘦，眼球下陷，一般发病后的 12 ~ 48 小时内死亡。个别耐过急性期的病兔表现为食欲不振，生长发育停止，体重下降，瘦弱无力。

3. 病变 尸体广泛性脱水、消瘦，肛门周围及后肢污染有大量粪便。剖检病变主要表现在消化道、肝脏和心肌。盲肠、回肠后段、结肠前段，可见肠黏膜萎缩、坏死，浆膜面充血、浆膜下有出血点，盲肠壁水肿增厚甚或坏死。在慢性病例，肠壁因严重坏死与纤维化而增厚，肠腔狭窄。盲肠和结肠内有水样褐色或含血的内容物。肝脏发灰或灰黄色、有点块状的弥漫性白色坏死灶，脾脏萎缩，心肌内常有很多针尖大小、条纹状或大片的灰或黄白色坏死。

根据临诊症状和病理变化可怀疑感染本病，确诊必须进行实验室检查，可取肝坏死区、病变心肌或肠道的病变部位做涂片，以姬姆萨氏液或镀银染色镜检，在细胞浆内找到毛样芽孢杆菌后方可确诊。有条件的还可应用荧光抗体和其他血清学方法进行诊断。

（二）类症鉴别

本病有腹泻症状和肝坏死灶，故应与沙门氏菌、大肠杆菌和魏氏梭菌病相区别，详见各病的症状与病变内容，必要时需进行实验室诊断。

（三）防治

1. 预防 加强饲养管理，注意环境卫生，定期消毒，消除各种应激因素。平时，可在饲料和饮水中添加土霉素或青霉素和多种维生素制剂，对控制本病的发生有一定作用。注意及时隔离或淘汰病兔，粪便及被污染的废物予以发酵或烧毁。

2. **治疗** 本病无特效治疗药物，早期使用抗生素有一定的效果，青霉素按兔体每千克体重1万～2万单位，链霉素以每千克体重2万～4万单位，联合应用，肌肉注射，每天2次，连用3～5天，效果较好。也可应用金霉素内服（片剂，每片0.25克），每只兔100～200毫克，每天2～3次；肌肉注射时（粉针剂，每支0.25克），每千克体重每天20～40毫克（用5%葡萄糖溶液溶解稀释），分1～2次注射。或红霉素，每千克体重20～30毫克肌肉注射，每天2次，连用3天。磺胺类药物无效。治疗无效时应及早淘汰。

野兔热

关键技术

　　诊断：兔体温升高，流鼻涕、打喷嚏、结膜炎。颌下、颈下、腋下和体表淋巴结肿大，有坏死结节或化脓；脾、肝、肾脏肿大，表面和切面有灰白色、大小不等的出血点和坏死灶，肺充血并有局灶性纤维素性肺炎变化。

　　防治：灭鼠、蚊、蝇，及时杀灭家兔的外寄生虫。隔离病兔，病尸深埋或销毁。疫区可试用弱毒苗预防接种，在接触病兔时要注意个人防护。治疗可用链霉素，按每千克体重2万～4万单位肌肉注射，每天2次，用5～7天。

　　野兔热又称土拉杆菌病，源于野生啮齿动物，可以传染于家畜和人。临诊上以体温升高，肝、脾和淋巴结肿大，脾和其他脏器的坏死为主要症状。病原为土拉弗郎西斯氏杆菌，其在不同条件下可表现不同的形态，在患病动物血液内近似球形，在培养过程中表现为球状或丝状不等，革兰氏阴性，美蓝染色两极着色。

（一）诊断要点

1. **流行特点** 本病是由土拉弗郎西斯氏杆菌引起的一种广泛分布于啮齿类动物中的传染病，也能传染给家兔、其他家畜、禽和人。主要的传染源是发病动物和带菌动物，随排泄物排菌，从而通过被污染的草料、饮水、牧地、垫草、用具等传播，食肉类动物由于摄食带菌的肉类饲料而感染，吸血昆虫通过叮咬动物也可传播本病，多达60多种节肢动物能贮存或携带病菌而成为传播媒介，故可通过消化道、呼吸道、伤口、皮肤和黏膜感染。

本病呈地方性流行，一年四季均可发生，但以春末夏初蚊、蝇、虻等昆虫滋生季节多发。

2. 症状 成年兔多表现为慢性经过，病程较长，体温较正常升高1~1.5℃，食欲降低，机体衰弱，流鼻涕、打喷嚏和结膜炎，体表淋巴结肿大、化脓等症状。幼兔多呈现急性经过，一般不表现症状而突然死亡，或仅表现体温升高，食欲废绝，步态不稳，昏迷而死。

3. 病变 急性病死兔无明显病变。病程长的慢性病兔，其颌下、颈下、腋下和体表淋巴结肿大，切面有针头大小的坏死结节；脾、肝、肾脏肿大，表面和切面有灰白色、大小不等的出血点和坏死灶，肺充血并有局灶性纤维素性肺炎变化。

取病料涂片、染色镜检，可见革兰氏阴性、多形态的小球状菌。有条件的可进行动物接种试验或血清凝集反应等。

（二）类症鉴别

本病在症状和病变上应与李氏杆菌病和兔伪结核病相区别。

1. 李氏杆菌病 其病变和坏死灶多见于内脏器官如心、肝、肾等，患兔还可出现神经症状、流产等临诊变化，体表淋巴结无明显变化。病原菌为革兰氏阳性小杆菌，可与本病区别。

2. 伪结核病 主要病变在蚓突和圆小囊（回肠末尾部）浆膜下有灰白色、粟粒大小的结节，脾肿大，同时有慢性下痢症状。

（三）防治

1. 预防 搞好兔场卫生，灭鼠、蚊、蝇，及时杀灭家兔的外寄生虫。防止野兔入场，防止饲料、饮水被污染；及时隔离病兔，病尸深埋或销毁。疫区可试用弱毒苗预防接种，在屠宰病兔时要注意个人防护。

2. 治疗 链霉素为佳，按每千克体重2万~4万单位肌肉注射，每天2次，5~7天。金霉素以每千克体重20毫克，用5%葡萄糖溶液溶解后静脉注射，每天2次。庆大霉素每千克体重2万单位，每天2次，肌肉注射。

土霉素（粉针剂，每支 0.1 克）肌肉注射，每千克体重 40 毫克，每天 1 次；或内服，每只兔 100 ～ 200 毫克，每天 2 ～ 3 次。也可用卡那霉素肌肉注射（每支 2 毫升，含 0.5 克），每千克体重 10 ～ 20 毫克，每天 2 ～ 3 次。以上各种方法需 4 ～ 5 天为一个疗程。

沙门氏杆菌病

关键技术

诊断：腹泻，带泡沫的白色或淡黄色黏液性稀粪。肠黏膜充血、出血，淋巴滤泡有灶性坏死或溃疡。肝脏有散在或弥漫性灰白色粟粒大小坏死灶。怀孕兔从阴道内排出黏液或脓性分泌物，阴道黏膜红肿，子宫肿大并有溃疡。未流产的胎儿发育不全或木乃伊化。

防治：定期消毒和敏感性药物预防，淘汰病兔或隔离进行药物治疗，链霉素肌肉注射，每次 10 万单位，每天 2 次，连用 3 天。大群可用恩诺杀星，每千克水含 50 毫克饮水。

本病是由沙门氏菌属的鼠伤寒沙门氏菌和肠沙门氏菌引起的，以败血症和急性死亡并伴有下痢和流产为特征的传染病。本病病原均可以产生毒素，也可使人发生中毒，为革兰氏阴性、卵圆形小杆菌。

（一）诊断要点

1. 流行特点 在怀孕（一般怀孕 25 天左右）的母兔和断奶子兔容易发病，发病率和死亡率都很高，其发病率可达 57%，流产率约为 70%，死亡率约为 44%。病兔及其他感染动物的排泄物、分泌物可携带大量病原菌，为主要传染来源。主要经消化道感染和内源性感染，当健康兔食入被病菌污染的饲料、饮水及其他因素使兔体抵抗力降低，体内病原菌的繁殖和毒力增强时，均可引起发病。幼兔可经子宫和脐带感染。

本病一年四季均可发生，而且下列因素可以促进本病的发生，如环境污秽和潮湿、密度大而拥挤、饲料和饮水供应不良、长途运输、疲劳、气候恶劣、寄生虫和其他病原感染、引进的种源污染等。

2. **症状** 少数病兔突然发病，无明显症状迅速死亡。多数病兔体温升高、精神沉郁、食欲降低或废食、腹泻、排出带泡沫的白色或淡黄色黏液性稀粪，时间长时病兔消瘦。孕兔可从阴道内排出黏液或脓性分泌物，阴道黏膜红肿，孕兔通常可发生流产，流产的胎儿体弱、皮下水肿，很快死亡。康复母兔不容易再受孕。

3. **病变** 急性病例一般无特征性病变。大多数病死兔内脏器官充血、有出血斑块，胸腹腔积液，有浆液性或纤维素性渗出物。病程较长的病例可见肠黏膜充血、出血，黏膜下层水肿，肠淋巴滤泡和淋巴集结肿胀、有灶性坏死或溃疡，溃疡表面附着淡黄色纤维素性坏死物。圆小囊和盲肠蚓突黏膜有点状坏死结节。肝脏有散在或弥漫性灰白色粟粒大小坏死灶。胆囊肿大，脾脏肿大 1 ~ 3 倍，呈暗红色，肠系膜淋巴结水肿。孕兔病死后子宫肿大、子宫壁增厚，呈化脓性子宫内膜炎并有溃疡，其表面附着纤维素性坏死物。未流产病兔子宫内的胎儿发育不全或木乃伊化，母兔阴道黏膜充血，表面有脓性分泌物。

以病兔子宫、阴道分泌物、粪便或肝脏、流产胎儿的胃内容物、肝、脾等作为被检材料，进行细菌分离鉴定，或用已知抗原检测被检血清确诊。

（二）类症鉴别

本病应注意与李氏杆菌病、兔伪结核病、泰泽氏病相区别。

1. **李氏杆菌病** 除能引起怀孕母兔流产外，还可出现神经症状如头颈歪斜，运动失调等。

2. **兔伪结核病** 为一种慢性消耗性传染病，多为瘦弱而死，在肠道、内脏器官和淋巴结等处可出现干酪样坏死结节。

3. **泰泽氏病** 见泰泽氏病类症鉴别部分。

（三）防治

1. **预防** 搞好环境卫生，定期对环境、用具消毒，引进种兔时要进行引进地的疫情调查，有疫情时停止引进，无疫情时也要对引进的兔隔离饲养 1 ~ 2 周，确无病情时方可进入生产区。定期使用鼠伤寒沙门氏菌诊断抗原普查兔群，发现阳性病兔要淘汰，有价值的进行隔离治疗，兔舍、兔笼和用具等要彻底消毒。

本病菌对外界环境如干燥、腐败、日光等因素有一定的抵抗力，在外界条件下可以生存数周或数月，但对于化学消毒药的抵抗力不强，一般常用消毒剂和消毒方法均能达到消毒的目的，如3%来苏尔、5%石灰乳及福尔马林等几分钟即可将其杀死。

大群使用敏感药物预防。对于孕前或怀孕初期母兔可注射鼠伤寒沙门氏菌灭活苗，每次颈部皮下或肌肉注射1毫升，每年注射2次。

2.治疗 链霉素肌肉注射，每次10万单位，每天2次，连用3天。此外，还可选用下列药物之一进行治疗：

琥珀酰磺胺噻唑，每天每千克体重0.1～0.3克，分2～3次口服。

磺胺二甲基嘧啶，口服每千克体重首次量0.2～0.3克，维持量减半，每天1～2次，连用3～5天。大群可用恩诺杀星每千克水含50毫克饮水。

四环素（粉针剂，每支0.25克）肌肉注射，每千克体重20～40毫克，每天1次；内服时（片剂，每片0.25克），每千克体重100～200毫克，每天2～3次。

庆大霉素肌肉注射，每千克体重1万～2万单位，每天1～2次。环丙沙星饮水，浓度为每千克水50毫克；或拌料按每千克饲料100毫克混饲。

恩诺沙星用法与用量同环丙杀星。也可选用水针剂注射，均可按说明使用。

大肠杆菌病

关键技术

诊断： 排出糊状或带胶冻样黏液状稀粪和一些两头尖的干粪，随之水样腹泻，四肢冰凉。病死兔胃膨大、充满多量液体，回肠、盲肠和结肠内充满黏液胶冻样粪便，肠黏膜水肿、充血、出血，肝脏和心脏有时可见点状坏死灶。

防治： 加强饲养管理，定期消毒；制作自家疫苗进行预防注射；对断乳前后的子兔和患病兔用敏感药物预防和治疗有效。链霉素，以每千克体重2万～4万单位肌肉注射，每天2次，连用3～5天。大群用药可用恩诺杀星饮水，每千克水含药物40～60毫克。

　　大肠杆菌病又称黏液性肠炎，是由一定血清型的致病性埃希氏大肠杆菌及其毒素引起的一种暴发性、死亡率很高的子兔肠道传染病。主要是以患兔出现胶冻样或水样腹泻及严重脱水为特征。

　　病原与非致病性大肠杆菌除抗原构造不同外，其他方面没有区别。病原为革兰氏阴性的卵圆形杆菌，一般消毒药可迅速将其杀死。

（一）诊断要点

　　1. 流行特点　大肠杆菌广泛存在于自然界，正常情况下常存在于兔的肠道内不引起发病。当多种原因（饲养和气候条件变化等）引起机体抵抗力下降时，病菌大量繁殖并产生毒素、毒力增强而引起发病与流行。主要侵害20日龄及断奶前后的子、幼兔（1～3月龄），成年兔很少发生。病兔是主要的传染源，通过粪便排出病菌，散布于外界，污染水源、饲料、皮肤及兔的乳头，在吸吮和饮食时，经消化道感染。

　　本病一年四季均可发生，但发生在春秋两季的为多，发病率和死亡率均很高。

　　2. 症状　病程短的1～2天死亡，长的7～8天死亡。主要表现为排出糊状稀粪或带胶冻样黏液和一些两头尖的干粪，随之出现水样腹泻。体温正常或降低，四肢冰凉，磨牙，消瘦死亡。

　　3. 病变　肛门及后肢的被毛黏附有粪便，其主要病变在消化道，胃膨大、充满大量液体，回肠、盲肠和结肠内有黏液胶冻样粪便，结肠与回肠壁呈灰白色，黏膜有重度黏液性卡他，粪粒细长或粪便较少，并被胶样物包裹，空肠黏膜淤血色红，甚至出血，胃肠黏膜水肿、充血、出血，肝脏和心脏有时可见点状坏死灶。

　　取结肠、盲肠内容物于麦康凯培养基培养，呈粉红色较大菌落，可分离到致病的大肠杆菌。也可使用标准血清做凝集反应，确定其血清型。

（二）类症鉴别

　　本病应与兔沙门氏杆菌病、兔泰泽氏病、兔球虫病等相区别。

　　1. 沙门氏杆菌病、兔泰泽氏病　与兔沙门氏杆菌病、兔泰泽氏病的类症鉴别，详见兔沙门氏杆菌病的症状与病变、泰泽氏病类症鉴别，必要时需进行实验室诊断。

　　2. 兔球虫病　兔球虫病的典型病变主要是盲肠蚓突和肝脏表面灰白色

或黄白色结节，它们的最大区别是病原不同。

（三）防治

1. 预防　加强饲养管理，搞好环境卫生，定期消毒，常用的消毒药有石炭酸、升汞、甲酚、福尔马林等，常用浓度5分钟均可将其杀死。

尽量减少各种应激因素的刺激，除非必要，在子兔断奶前后的精料配方不要突然改变，以免引起肠道菌群的紊乱；对经常发生本病的兔场，可使用由本场兔分离到的大肠杆菌，做成疫苗进行预防注射；对断乳前后的子兔，可用庆大毒素或阿莫西林等按说明口服，有一定的预防效果。

2. 治疗　经常发生本病的兔场，最好是先从病兔分离到大肠杆菌做药敏试验，选用敏感药物治疗。一般可选用链霉素，以每千克体重2万~4万单位肌肉注射，每天2次，连用3~5天。此外，也可选用下列药物之一进行治疗：

多黏菌素（粉针剂，每支50万单位）可用于肌肉注射，每千克体重2万~3万单位，每天1~2次。庆大霉素肌肉注射或口服，每千克体重2万~3万单位，每天2次。

磺胺类药物也有效，如新诺明（片剂，每片0.5克），用于内服，首次用量按每千克体重0.1克，维持量每千克体重0.05克，每天2次。复方新诺明（片剂，每片含增效剂TMP 0.08克、新诺明0.4克）内服，每千克体重30毫克，每天1次。磺胺咪内服，首次量每千克体重0.2克，维持量减半，每天2次。长效磺胺（片剂，每片0.5克）内服，首次用量为每千克体重0.1克，维持量每千克体重0.07克，每天1次。

大群用药，也可用恩诺杀星、环丙杀星等药物之一饮水，每千克水含药物30~50毫克，如拌料，可按饮水剂量加倍。治疗后期可使用活菌制剂平衡肠道菌群，促进康复。

兔密螺旋体病

关键技术

诊断：患病公兔龟头、包皮和阴囊，母兔阴唇和肛门四周的皮肤、黏膜发红并肿胀出现粟粒大小结节，有浆液物渗出，继之出现紫红色、棕红色结痂，结痂脱落后形成溃疡。腹股沟淋巴结肿胀。

防治： 不引入病兔，发现病兔淘汰或隔离药物治疗，停止配种，注意对环境、用具的消毒。治疗可用青霉素、链霉素各10万单位肌注，每天2次，连用5天；患部可先用2%硼酸液冲洗，再涂碘甘油即可。

兔密螺旋体病又称兔梅毒病，是由兔密螺旋体引起成年兔的一种常见的慢性传染病。以外生殖器、肛门部及颜面部的皮肤和黏膜发生炎症、水肿、结节和溃疡为特征。病原是极纤细的螺旋形细菌，暗视野显微镜检查，可见其做旋转运动。一般染色困难，常用印度墨汁、姬姆萨染色。革兰氏染色阴性，但着色较差。

（一）诊断要点

1. 流行特点 本病只发生于家兔和野兔，主要危害成年兔，幼兔少见。主要传染源是病兔和痊愈兔，病菌主要存在于病兔的外生殖器官的病灶中，通过交配经生殖道感染，一般育龄母兔的发病率比公兔高。或可以由污染的垫草、用具、饲料等传播，放养和群养兔因相互接触频繁，易于本病的传播，故其发病率比笼养兔高。兔群流行本病时发病率较高，但几乎很少死亡。

2. 症状 本病潜伏期较长，一般2～10周不等，发病后呈慢性经过，可持续数月。无明显全身症状，仅见局部病变。

初期症状表现为患病公兔龟头、包皮和阴囊的皮肤，母兔阴唇和肛门四周的皮肤、黏膜发红和肿胀，出现粟粒大小结节，以后结节及肿胀部位湿润，有浆液性渗出物流出，继之出现紫红色、棕红色结痂，结痂脱落后形成溃疡，溃疡面高低不平，边缘不齐，易于出血。病兔因挠抓可将病灶中分泌物内的病原体带至其他部位，因而可使病变扩延至其他部位，如鼻、眼睑、唇、下颌、爪等。

慢性病例可见其病变部呈干燥的鳞片状、稍突起，睾丸也会有坏死灶，腹股沟淋巴结肿胀，长期不消失。本病对公兔不影响性欲，但母兔受胎率大大下降，所生子兔生活力差，孕兔可能发生流产，一般对全身没有明显影响，病兔可自行康复，但可再度感染。

3. 病变 主要是外生殖器的皮肤和黏膜的发红、肿胀、渗出和溃疡病变，慢性病例可见其病变部稍突起并呈干燥的鳞片状。

诊断本病可由外生殖器的典型病变做出初步诊断，但确诊应以病原体的检出为根据。取病变部位的黏膜或溃疡面的渗出液等涂片、固定、姬姆萨染色，以暗视野显微镜检查见有密螺旋体即可确诊。

（二）防治

1. 预防 严防引入病兔，配种前详细检查公、母兔外生殖器是否有病变，严禁用病兔或疑似病兔配种，对病兔和可疑病兔停止配种，隔离饲养或淘汰，彻底清除污物，用1%～2%火碱水或2%～3%来苏尔消毒兔笼和用具等，防止疾病继续传播。

2. 治疗 发生本病时，早期可用新胂凡纳明（九一四）以灭菌蒸馏水配成5%溶液，静脉注射，每千克体重40～60毫克，必要时2周后重复1次。也可以用青霉素和链霉素同时肌肉注射，每天2次，每次青霉素2万～5万单位、链霉素5万～10万单位肌肉注射，连用5天；病变局部可先用2%硼酸或0.1%高锰酸钾溶液冲洗干净后，再涂以碘甘油或青霉素软膏即可。

坏死杆菌病

关键技术

诊断： 唇部、口腔黏膜、齿龈等红肿、溃疡、脓肿；脚底部、四肢关节或下颌、颈部、面部及胸前等处的皮下组织发生坏死性炎症，形成脓肿、溃疡；颌下淋巴结肿大，或有干酪样坏死灶；或可在肝、脾、肺等器官出现坏死病灶，以及胸膜炎和心包炎。

防治： 避免皮肤、黏膜损伤，发病后淘汰或隔离进行药物治疗。局部治疗，清除坏死组织后，用3%双氧水冲洗，然后涂擦鱼石脂软膏。配合全身治疗，青霉素、链霉素各10万单位肌注，每天2次，连用3～5天。对环境要彻底消毒。

坏死杆菌病是由坏死杆菌引起的，以皮肤、皮下组织，尤其是面部、头部、颈部、舌和口腔黏膜的坏死、溃疡和脓肿为特征的散发性传染病。病原具多形性，小者呈球杆菌，大者为长丝状，多见于病灶及幼龄培养物中，革兰氏阴性。

（一）诊断要点

1. 流行特点　本菌广泛分布于自然界，在污染的土壤中能存活10～30天，某些健康动物的口腔、扁桃体、肠道、外生殖器等也可分离到该菌，本菌厌氧，可产生两种毒素，即内毒素和外毒素。

兔为本病的易感动物，幼兔比成年兔易感性高，病兔及带菌兔的分泌物、排泄物和污染的外界环境可成为传染源。可经损伤的皮肤、口腔与消化道黏膜而传染。本病多为散发或可有群发和地方性流行。

2. 症状　病兔体温升高。以口腔炎为主时，食欲降低或不能食，流涎、口臭、气喘，唇部、口腔黏膜、齿龈红肿，进而形成粗糙、污秽的灰褐色或灰白色伪膜，皮下组织形成溃疡、脓肿，如发生在咽喉部，可造成呼吸困难，病变蔓延至肺时常导致病兔死亡。以皮肤病变为主时，主要在脚底部、四肢关节或下颌、颈部、面部及胸前等处的皮下组织发生坏死性炎症，形成脓肿、溃疡，有时可侵入内部肌肉和其他组织，病灶破溃后发出恶臭。病程可达数周至数月。

3. 病变　病变主要表现为黏膜、皮下、肌肉组织的脓肿、坏死，也可见淋巴结，尤其是颌下淋巴结肿大，或有干酪样坏死灶。许多病例在肝、脾、肺等器官也出现坏死病灶，以及胸膜炎和心包炎。

取病变与周围健康组织交界处组织做被检材料，涂片、染色、镜检，发现坏死杆菌即可确诊。也可用病变组织或培养物做动物皮下接种试验，于第8～20天死亡，在注射部位出现坏死。

（二）类症鉴别

本病应注意与有化脓性炎和口腔炎症状的疾病相区别。

1. 葡萄球菌病　葡萄球菌病引起的化脓性炎症，虽然也多在皮下和肌肉，但其多为局部的化脓性炎症，而且脓肿以形成包囊为特征，而且皮肤常不坏死、很少形成溃疡，脓液缺乏臭味。

2. 假单孢杆菌感染　假单孢杆菌感染时，多在肺等内脏和皮下形成脓肿，脓液呈淡绿色或褐色，无恶臭气味。

3. 传染性水疱性口炎 患传染性水疱性口炎时，虽也有口炎和流涎症状，但其病变主要是口腔黏膜的水疱、糜烂、溃疡，其他组织器官常无病变，多呈急性经过，且病原为病毒。

（三）防治

1. 预防 加强饲养管理，避免皮肤、黏膜损伤；兔舍要保持干燥，光线充足，空气流通；引进的种兔要隔离观察1个月，无症状时方可混群。

兔群一旦发病要及时隔离治疗或淘汰，并进行彻底消毒。因本菌对理化因素抵抗力不强，1%高锰酸钾、5%氢氧化钠或1%福尔马林等，15分钟内均可将其杀死，也都可用于环境和器具的消毒。小的器具和用品可60℃30分钟或煮沸1分钟即可使上面的病菌死亡。

2. 治疗 将坏死组织消除后，用3%双氧水或0.1%高锰酸钾冲洗，然后用青霉素和链霉素粉针剂药粉适量涂于患处，每天2～3次，有利于病灶康复。同时可配合全身治疗，青霉素和链霉素各10万单位肌注，每天2次，连用3～5天。

也可用四环素（粉针剂，每支0.25克）肌肉注射，每千克体重20～40毫克，每天1次；内服时（片剂，每片0.25克），每千克体重100～200毫克，每天2～3次。土霉素的用法与用量同四环素。磺胺二甲基嘧啶（片剂，每片0.5～1克）内服，首次量按每千克体重0.2～0.3克，维持量减半，每天1～2次；如静脉或肌肉注射（水针剂，每支10毫升，含1克），每千克体重0.05克，每天1～2次。

若家兔食欲明显下降，可灌服少量硫酸钠轻泻或大黄苏打片健胃。也可在饮水中加入少量氯化钠，使胃酸分泌增加，便于饲料的消化。

李氏杆菌病

关键技术

诊断：精神委顿、食欲不振，鼻腔流出浆液性或脓性分泌物，咀嚼肌痉挛、全身震颤，头颈歪斜、做转圈运动，侵害子宫时阴道内流出红色或棕褐色分泌物，可发生流产或胎儿干化。

防治：搞好卫生、消毒和灭鼠工作，禁止从疫区引进种兔，发现病兔最好做淘汰处理，有治疗价值的可及时隔离并用较大剂量广谱抗生素治疗，青霉素肌肉注射，每次10万～20万单位，每天2次，连用3～5天，注意自身保护，以防感染。

李氏杆菌病是一种散发性，且主要发生在温带地区的败血性传染病，又称单核细胞增多症，侵害兔及多种动物和人。兔等哺乳动物主要表现为脑膜炎、脑脊髓炎和子宫炎，急性以败血症死亡。病原为革兰氏阳性的小杆菌。

（一）诊断要点

1. 流行特点　本病多为散发，偶尔也呈地方性流行，发病率低，但病死率很高，多种动物易感，兔尤其是妊娠母兔和幼兔易感性高，还有其他多种动物常为隐性感染，其中鼠类、野禽为本菌在自然界的主要贮藏宿主，所以，病兔和这些动物为主要的传染源，这些动物的粪便、尿液、精液、乳汁和眼、鼻及生殖道的分泌物均含此菌。

通过直接接触病兔或间接由污染的草料、饮水等传播。可通过消化道、呼吸道、眼结膜和皮肤损伤等途径感染健康兔。冬季缺乏青饲料、天气骤变、有内寄生虫感染或沙门氏菌感染时均可诱发本病。

2. 症状　潜伏期2～8天，据症状可分为急性型、亚急性型和慢性型。

（1）急性型：多见于幼兔，精神委顿，食欲降低或不食，体温升高至40℃以上，鼻腔黏膜发炎，流出浆液性或脓性分泌物，经1～2天死亡。

（2）亚急性型：精神委顿、食欲不振、呼吸加快，出现神经症状，如咀嚼肌痉挛、全身震颤，眼球突出，做转圈运动，斜颈，口流白沫，神志不清等。侵害子宫时可发生流产或胎儿干化，经4～7天死亡。

（3）慢性型：主要为子宫炎，多在分娩前2～3天发生。病兔精神沉郁、拒食，从阴道内流出红色或棕褐色分泌物，有些病例也出现头颈歪斜等神经症状。病兔流产后很快康复，但可能长期不孕。

3. 病变　剖检可见心、肝、肾、脾等脏器有散在或弥漫性针尖大小的淡黄色或灰白色坏死点，肠系膜淋巴结和颈部淋巴结肿大或水肿，肺有出血性梗死和水肿。慢性病例子宫内有脓性或暗红色液体，子宫壁增厚，有坏死病灶。

检查血液单核白细胞显著增加（占白细胞总数的 30% ~ 50%）。取肝、肾、脾、淋巴结、脑及胎儿或阴道分泌物等涂片染色镜检，可见革兰氏阳性的小杆菌即可确诊。有条件的也可做细菌培养或动物接种试验检查。

（二）类症鉴别

李氏杆菌病在诊断上应注意与以下几种病的区别。

1. 野兔热及兔沙门氏菌病　见此两病的类症鉴别。

2. 兔巴氏杆菌病　兔巴氏杆菌病虽然可出现化脓性子宫内膜炎和斜颈等神经症状，但巴氏杆菌病可伴有纤维素性化脓性胸膜肺炎及多器官组织的化脓性炎症，并无心、肺、肾、脾等脏器的小坏死灶和流产等症状。

（三）防治

1. 预防　目前，对本病尚无有效的人工免疫方法，只能进行综合防治。搞好卫生、消毒和灭鼠工作，禁止从疫区引进种兔，发现病兔最好做淘汰处理，有治疗价值的可及时隔离治疗。对笼、舍及用具、场地等要彻底消毒，一般消毒药都易使之灭活。

消毒药剂可用 2% ~ 4% 火碱水、3% ~ 5% 来苏尔、3% 石炭酸或 10% 漂白粉等。工作人员应注意自身防护，75% 酒精可用于手臂消毒，以防感染。

2. 治疗　病兔食欲减退，不宜口服用药。可选用青霉素，以每次 10 万 ~ 20 万单位肌肉注射，每天 2 次，连用 3 ~ 5 天，同时配合庆大霉素治疗，每次 4 万单位肌肉注射，每天 2 次，效果更好。也可用磺胺二甲基嘧啶静脉或肌肉注射（水针剂，每支 10 毫升，含 1 克），每千克体重 0.05 克，每天 1 ~ 2 次。也可使用恩诺沙星针剂等，可按说明使用。

需要注意的是在发病初期使用较大剂量广谱抗生素治疗效果较好，但后期均难以奏效，宜及早淘汰。

结核病

关键技术

诊断：消瘦、咳嗽、喘气或有顽固性下痢，肺、消化道、肾、肝、脾及支气管淋巴结和肠系膜淋巴结等处有大小不等的浅灰色结节，中心部呈干酪样坏死。

治疗：保持清洁卫生，定期消毒。兔场必须远离其他养殖场，不接触患有结核病的人、动物及产品，不引进病兔。发现病兔，除有特别价值的可隔离并药物治疗，否则即刻捕杀并做无害化处理。治疗用链霉素，每千克体重4万单位肌肉注射，每日2次，连用1周。

本病主要是由结核杆菌引起的兔的一种在多种组织器官形成肉芽肿和干酪样、钙化结节病变及机体消瘦为特征的慢性传染病。病原有牛型、禽型和人型结核杆菌三型，引起兔患本病的主要是牛型结核杆菌，其次是禽型和人型结核杆菌。该菌革兰氏染色阳性。

（一）诊断要点

1. 流行特点　本病可感染多种动物。兔结核病主要是由于与患结核病的人、牛和鸡直接或间接接触，经呼吸道、消化道、皮肤创伤、脐带和与患病兔交配被感染，有时也可通过子宫、接触带菌的禽蛋和被污染的器具、物品等感染。潮湿、拥挤、疲劳、营养不良及其他肺部感染可以促使本病的发生。

2. 症状　患兔主要表现为体温升高，食欲不振、咳嗽、喘气，黏膜苍白，消瘦。患肠结核时常有腹泻。有些病例出现四肢关节肿大或骨骼变形，当发生脊椎炎时，可致后肢麻痹。

3. 病变　尸体消瘦，于肺、肾、肝、胸膜、支气管淋巴结和肠系膜淋巴结等处有大小不等的浅灰色结节，中心部呈干酪样坏死，并有纤维组织包膜。肺部病变可相互融合以致形成空洞，但脾脏结节少见。小肠浆膜面也有稍隆起、坚实、大小不等的结节，其相对的黏膜面上形成溃疡，周围呈现干酪样坏死。

本病生前诊断较难。诊断时可取新鲜结核结节病灶、痰、尿、粪便、乳以及其他分泌物或经培养的细菌培养物触片，用抗酸染色法染色镜检，可发现细长、直或稍弯曲的红色结核杆菌或做病原分离鉴定，即可确诊。活体动物的检疫可用结核菌素做变态反应试验，这是诊断本病的主要方法。

（二）类症鉴别

本病应注意与兔伪结核病相区别。兔伪结核病变的结节大小较为一致、质地较软，而且盲肠蚓突肥厚如小香肠，回盲部的圆小囊浆膜下有乳脂样结节，有些病例在脾脏也有大小不等的白色结节。结核病时较少见到此病变。

（三）防治

1. 预防　加强饲养管理，保持清洁卫生，定期消毒，因本菌对化学消毒药、酸、碱等有很强的抵抗力，常用消毒药 4 小时方可将其杀死，4% ~ 5% 的碱液作用几小时不死亡，5% 的石炭酸作用 24 小时才被灭活，而在 75% 酒精、10% 漂白粉中很快死亡，所以，消毒时对消毒药的使用要有选择性。

兔场必须远离鸡场、牛场、猪场等，防止其他动物进入兔舍。不用有结核病的牛乳、羊乳喂兔。结核病人不能作为饲养人员。引进动物时，要做好场地及用具的消毒，搞好疫情调查，切勿引入患病动物。新购入的种兔必须隔离观察 1 个月以上，无病后方可混群饲养。发现可疑病兔要立即淘汰，被污染的场所要彻底消毒。对有价值的兔可试用卡介苗免疫接种。

2. 治疗　对有价值的兔必要时可隔离治疗，使用链霉素，按每千克体重 4 万单位肌肉注射，每日 2 次，连用 1 周。也可使用卡那霉素肌肉注射，每千克体重 20 ~ 25 毫克，每日 2 次。也可用异烟肼、异烟腙等药物进行治疗，可按说明使用。

一般情况下，发现可疑病兔要立即淘汰，因为此病疗程长、耗费大，且在治疗期间要不断向外界环境排出病原而造成污染，所以，除非必要，一般不予以治疗，可捕杀并做无害化处理，对场地及用具彻底消毒。

伪结核病

关键技术

诊断： 消瘦，或有腹泻，盲肠蚓突和圆小囊肿大变硬，肠系膜淋巴结、肺、脾、肝可见乳汁样、黄色黏液样或干酪样粟粒大小结节。败血型病例可见肝、脾、肾淤血肿胀，肺和气管黏膜出血。

防治： 注意卫生，定期消毒，定期注射伪结核氢氧化铝甲醛灭活苗，发病后严格隔离、淘汰可疑病兔，一般不予治疗，对病死兔做无害化处理，并进行场地和用具的彻底消毒。注意个人防护。

本病是由伪结核耶尔森氏杆菌引起的多种动物的慢性消耗性传染病。兔患本病一般无明显症状，其特征是盲肠蚓突和圆小囊肿大变硬，浆膜下及脾、肝发生乳汁样或干酪样粟粒大小结节，肠系膜淋巴结肿大数倍，有干酪样结节。病原形态不一，从球杆状到短杆状，革兰氏阴性，有时出现两极着染。

（一）诊断要点

1.流行特点　本菌广泛存在于自然界，可以危害多种动物，而啮齿类动物是其主要贮存宿主，所以，家兔很容易感染发病，多为散发，有时可引起地方性流行。本病的主要传染源是患病和带菌的动物。病菌随粪尿排出体外，污染饲料、饮水和周围环境，主要经消化道、呼吸道和交配感染，也可经受伤的皮肤感染。当营养不良、抵抗力降低时，可诱发本病。

2.症状　本病无明显临诊症状，常为慢性经过，一般表现食欲不振，被毛粗乱，进行性消瘦直至死亡。有些病例有下痢、体温升高及呼吸困难等症状。触诊腹部常可感觉到肿胀变硬的盲肠蚓突。个别病例呈败血症死亡。

3.病变　病理变化主要是回盲部圆小囊肿大，蚓突肿大变硬，有干酪样坏死结节，肠系膜淋巴结、脾、肝、肺上均可见干酪样坏死结节，新形成的结节中含有乳汁样或黄色黏液状物质，肠系膜淋巴结、脾均可肿大数倍。败血型病例主要表现为肌肉暗红，肝、脾、肾严重淤血肿胀，肠壁血管充血，肺和气管黏膜可见出血。

确诊可取肠系膜淋巴结、蚓突、圆小囊及粪便涂片镜检，能见到革兰氏阴性、有两极浓染倾向的多形态小杆菌。也可使用麦康凯培养基做病原分离与鉴定。必要时可采用间接血凝试验进行血清学诊断，对其血清型可用标准血清鉴定。

（二）类症鉴别

本病应与以下疾病相区别。

1.结核病、沙门氏杆菌病、野兔热　见此三种病类症鉴别。

2. 球虫病 兔患球虫病时虽然在肠黏膜和肝脏表面有黄白色和灰黄色粟粒大或大小不等的结节，但其脾脏和肠系膜淋巴结少见结节，而且取其结节镜检可见球虫卵囊。

3. 李氏杆菌病 李氏杆菌病的病变主要在心、肝、肾等，还可见脑膜炎症状。而伪结核病除肝、脾、肠有结节病灶外，盲肠蚓突、圆小囊和淋巴结也有病灶性结节。

（三）防治

1. 预防 主要是加强饲养管理，提高兔抗病力，注意卫生，定期消毒，消灭老鼠，防止水、草、饲料和用具被病原污染，创造优良的饲养环境；定期预防注射伪结核氢氧化铝甲醛灭活苗，尽可能减少本病的发生；发病后严格隔离或淘汰可疑病兔，对病死兔做无害化处理，严格消毒，并注意个人防护。

2. 治疗 链霉素，按每千克体重10万单位剂量肌肉注射，每天2次，连用3～5天。卡那霉素，按每只兔20～25毫克剂量肌肉注射，每天2次，连用3～5天。

本病的治疗效果不稳定，而且人对本病亦有较强的易感性，所以，除非价值较大的患病兔一般不宜进行治疗，要及时淘汰处理，更不得出售。

链球菌病

关键技术

诊断： 间歇性下痢、脱水，皮下组织出血性浆液性浸润，脾脏肿大，肝、肾呈脂肪样变性，肠道黏膜肿胀、充血、出血，甚至脱落。确诊本病必须进行细菌学检查。

防治： 加强管理，减少应激，经常发生本病的兔场可用从本场分离的链球菌制成自家氢氧化铝菌苗接种。发现病兔应立即隔离并进行药物治疗，青霉素，每只兔5万～10万单位肌肉注射，每天2次，连用3天。对环境、用具彻底消毒。

本病是由溶血性链球菌引起的兔的一种急性热性败血性传染病。主要危害幼兔。病原一般是两个以上的菌呈短链状排列，革兰氏阳性。

（一）诊断要点

1. 流行特点 本病可侵害多种动物，对幼兔的危害最大。很多动物和家兔的呼吸道、口腔及阴道中常有致病性链球菌存在，因此，带菌兔、病兔是主要传染源，其分泌物和排泄物及污染的饲料、用具、空气、水等均含有病原，可经上呼吸道黏膜或扁桃体传染，使健康兔感染而发病。在饲养管理不当、天气突然变化、长途运输等应激因素作用下，使机体抵抗力降低时，也可诱发本病。本病一年四季均可发生，但以天气变化较为频繁的春秋两季多见。

2. 症状 病兔表现为体温升高、不食、精神沉郁、呼吸困难，进一步发展多表现为间歇性下痢、脱水，终致死亡。

3. 病变 主要病理变化表现为皮下组织出血性浆液性浸润，脾脏肿大，肝、肾呈脂肪样变性，肠道黏膜肿胀、充血、出血，甚至脱落。

取病变组织、化脓灶、呼吸道分泌物等涂片，革兰氏染色镜检，可见革兰氏阳性、短链状球菌；也可将病料接种鲜血培养基分离细菌或进行动物试验确诊。

（二）类症鉴别

本病在诊断时应与兔葡萄球菌病和肺炎球菌病等相区别，详见两种病的症状与病变内容，必要时可做病原学诊断。

（三）防治

1. 预防 加强饲养管理，尽量减少应激因素，发现病兔应立即隔离治疗，对环境、用具彻底消毒；兔场可使用从本场分离的链球菌制成自家氢氧化铝菌苗接种，效果良好。

2. 治疗 发生本病时可以用敏感的抗生素类药物进行治疗，如青霉素，每只兔5万～10万单位肌肉注射，每天2次，连用3天。或红霉素每千克体重按20～30毫克剂量，肌肉注射，每天3次，连用3天。也可用青霉素Ⅱ，以每千克体重15～20毫克，肌肉注射，每天2次，连用5天。用磺胺嘧啶钠时，首次量每千克体重0.2～0.3克，维持量减半，内服或肌肉注射，每天2次，连用4天。如发生脓肿，应切开排脓，用3%过氧化氢冲洗脓腔或用2%洗必太溶液冲洗，然后涂以碘酊或碘仿磺胺粉，每天处理1次。

假单孢菌感染

关键技术

诊断：下痢甚至排血样稀粪，胃肠出血、内有血样液体，脾脏肿大，肺有出血点。外伤感染时患部有蓝绿色变化，甚至形成褐色或蓝绿色脓疮。

防治：建立健全消毒隔离制度，发生过本病的兔场，可使用绿脓假单胞菌单价或多价灭活苗免疫。治疗时使用两种以上的药物合理配伍，交替使用，以免产生抗药性。可选用庆大霉素，按每只兔2万～3万单位肌注，每天2～3次。

假单孢菌感染又称绿脓杆菌病，是由绿脓假单孢菌引起的兔的以皮下脓肿、出血性肠炎、肺炎和败血症为特征的疾病。临诊较为少见。为多种动物共患病。病菌为多形态的细长、中等大杆菌，革兰氏染色阴性。

（一）诊断要点

1.流行特点 本菌可以危害多种动物，其广泛存在于自然界，在土壤、下水道的污泥、湖泊沼泽地带均有存在，在人、畜的肠道、呼吸道和皮肤上也可发现，属于动物偶然寄生菌。带菌动物的粪便、尿液和分泌物所污染的饲草、饲料和饮水等是本病的主要传染源，可经消化道、呼吸道、伤口及注射针孔等途径感染。不合理使用抗生素预防和治疗兔病时也有可能诱发本病。本病多为散发，无明显季节性。

2.症状 患病兔精神高度沉郁，食欲下降或不食、气喘、体温升高、下痢甚至排血样稀粪，通常很快死亡。有的不表现任何症状突然死亡。外伤感染时，局部发炎并有蓝绿色变化或形成脓疮。

3.病变 病理变化表现为病兔胃内有血样液体，十二指肠、空肠黏膜出血，肠腔内充满血样液体。脾脏肿大，呈樱桃红色，肺有出血点或发生红色实变，慢性病例在肺部及其他器官如耳、皮下和外伤感染部位均可能形成淡绿色或褐色脓疮，内有淡绿色或褐色黏液，病灶破溃后有特殊的腥臭味。

取病料直接涂片镜检病原菌一般无实用价值，因脓汁中各种常见的革兰氏阴性菌如变形杆菌、大肠杆菌等在形态上与绿脓杆菌难以区别，因此，必须进行细菌分离培养鉴定。

（二）类症鉴别

根据病理变化或致病菌的培养特性，应注意与魏氏梭菌性肠炎和泰泽氏病相区别。本病感染时在肺部及其他器官和外伤感染部位均可能形成淡绿色或褐色脓疮，内有淡绿色或褐色黏液，病灶破溃后有特殊的腥臭味，更大的区别在于病原不同。

（三）防治

1. **预防**　搞好饲料、饲草及饮水卫生，做好灭鼠工作；发生过本病的兔场，可使用绿脓假单胞菌单价或多价灭活苗皮下或肌肉注射1毫升，免疫期半年，故每只兔每年注射2次，可控制本病；发现病兔要及时隔离，彻底消毒；对假定健康群可全群进行紧急疫苗注射，以防扩大蔓延。

2. **治疗**　发生本病时可选用庆大霉素治疗，按每只2万～3万单位肌肉注射，每天2～3次，连用3～5天；青霉素，按每千克体重2万～4万单位肌肉注射，每天2～3次，连用3～5天；多黏菌素，按每天每千克体重2万～3万单位，分1～2次肌肉注射；新霉素以每千克体重2万～3万单位肌肉注射，每天2次，连用3～4天，有一定疗效。

绿脓杆菌对多种抗生素易产生耐药性，所以，在治疗时最好使用两种以上的药物合理配伍，交替使用，以达到良好的治疗效果。

魏氏梭菌下痢

关键技术

　　诊断：突然发病，排黑色水样或带血的胶胨样粪便，胃黏膜出血、溃疡，盲肠浆膜面明显出血，呈横行条带形；肠壁变薄、内有黑绿色稀薄内容物并有腐败气味；肝脾肿大，胆囊充盈。

防治：加强管理和消毒，对发生过本病的兔场应定期给兔接种灭活苗。死兔进行无害化处理。利用价值高的种兔可用抗血清并结合药物治疗，对假定健康兔要紧急接种疫苗，同时可用红霉素肌肉注射，每千克体重20～30毫克，每天2次，连用3天。

本病主要是由 A 型魏氏梭菌及其外毒素引起的兔的以泻下大量水样粪便和脱水死亡为特征的一种急性传染病。感染后的死亡率很高。病原为大型的杆菌，两端较平、有夹膜、能形成芽孢，菌体单个或成双存在，革兰氏染色阳性，厌氧。

（一）诊断要点

1. 流行特点　除哺乳子兔外的各品种、年龄的家兔都可感染发病，但以 1～3 月龄的幼兔发病率最高，毛用尤其是纯种毛用兔和獭兔的易感性高于本地毛用兔、杂交毛兔和皮肉用兔。

本菌广泛分布于土壤、污水、粪便和消化道中，在饲养管理不当、突然更换饲料、长期饲喂高淀粉低纤维饲料、气候骤变、长途运输等各种因素导致抵抗力下降、肠道正常菌群失调和厌氧状态时，均可导致病原菌在肠道内大量繁殖并产生外毒素而引发本病。消化道是主要的传播与感染途径。本病一年四季均可发生，但以冬春两季常见。

2. 症状　突然发病、急性下痢是本病特征性的临诊症状。开始为黑褐色软便，很快变为排黑色水样或带血的胶胨样粪便，有特殊的臭味，肛门附近及后肢被毛被粪便污染，病兔体温不高，精神沉郁，食欲下降或不食，脱水、消瘦，毛色脏乱，多数病例在出现下痢后 1～2 天死亡，最急性时常无任何症状而突然死亡。少数可拖至一周或更长时间，但最后大多死亡。

3. 病变　尸体脱水，但外观表现消瘦不明显。病理变化主要表现在消化道，打开腹腔有腥臭气味，胃黏膜出血、溃疡、脱落，小肠充满气体和液体，肠壁变薄，肠系膜淋巴结肿大，盲肠、结肠充血、出血，尤其盲肠浆膜面明显出血，呈横行条带形，肠道内有黑绿色稀薄内容物，并有腐败气味，肝和肾肿大、质地变脆，胆囊充盈，脾肿大并呈深褐色。急性死亡时胃内有食物和气体，胃黏膜脱落。膀胱多有茶色尿液。

取空肠或回肠内容物涂片染色镜检，可见革兰氏染色阳性、两端钝圆的大杆菌。也可用生理盐水将病料制成悬液并离心沉淀，将上清液用蔡氏滤器过滤除菌，取一定量除菌后的滤液注入健康小鼠腹腔，如小鼠 24 小时死亡，则证明肠内有毒素存在，即可确诊。

（二）类症鉴别

本病在诊断时应注意与兔急性肠球虫病、兔沙门氏杆菌病、兔病毒性出血症及巴氏杆菌病相区别，详见有关疾病的诊断要点和类症鉴别。

（三）防治

1. 预防　加强饲养管理，消除诱发因素，搞好环境卫生，对场地、笼、舍和用具等定期消毒。尽量少喂含过高蛋白质的饲料、过多谷物类及多汁菜类饲料，可减少本菌在肠道内繁殖。平时也可定期投喂活菌制剂，以平衡肠道菌群。

严格执行各项兽医卫生防疫措施，对发生过本病的兔场应定期接种魏氏梭菌氢氧化铝灭活苗或甲醛灭活苗，每只皮下注射 1～2 毫升，3 周后产生免疫力，免疫期 6 个月，一般的繁殖母兔在春秋季各注射 1 次，断乳子兔应立即注射。

发生疫情时，应迅速做好隔离和消毒工作，对无治疗价值或较为严重的个体予以淘汰和捕杀，死兔进行无害化处理，兔舍、兔笼及用具彻底消毒。利用价值高的种兔可进行治疗。

2. 治疗　对病情较轻和利用价值高的种兔，可使用特异性免疫血清治疗，效果显著，每只兔每千克体重皮下或肌肉注射 2～3 毫升，每天 2 次，连用 2～3 天。同时配合抗生素类药物治疗，如土霉素，每只兔每次 0.01～0.05 克内服，每天 2 次，连用 3 天。也可按每千克饲料 0.01 克剂量添加金霉素混饲。卡那霉素，按每千克体重 20 毫克剂量肌肉注射，每天 2 次，连用 3 天。红霉素，每千克体重 20～30 毫克肌肉注射，每天 2 次，连用 3 天。

还可使用磺胺类药物治疗，复方新诺明（片剂，每片含增效剂 TMP 0.08 克、新诺明 0.4 克）内服，每千克体重 30 毫克，每天 1 次。磺胺咪内服，首次量每千克体重 0.2 克，维持量减半，每天 2～3 次。

在使用抗菌药物治疗的同时，还可在饲料中添加活性炭、维生素 B_{12} 等辅助药物治疗。同时注意补液，可静脉注射 5% 葡萄糖盐水或林格氏液

20 ～ 30毫升。对未发病的假定健康兔进行紧急免疫接种，同时饲喂抗菌药物。

肺炎球菌病

关键技术

诊断： 体温升高、咳嗽、流鼻涕，剖检可见肺有脓肿病灶、广泛性出血，有纤维素性胸膜炎、心包炎病变。

防治： 加强饲养管理，注意观察，一旦发现可疑病兔，要立即隔离、诊断、治疗，同时搞好环境卫生和消毒工作。治疗可用青霉素、链霉素各10万单位肌肉注射，每天2次，连用3天。

本病是由肺炎双球菌引起的一种呼吸道传染病。病原菌呈矛状，革兰氏染色阳性，对外界抵抗力不强，一般消毒药可很快将其杀死。

（一）诊断要点

1. 流行特点 本病主要危害兔，一般多发生于成年兔和怀孕兔，患病兔是主要的传染源，主要经消化道和呼吸道感染，亦可经胎盘感染。

2. 症状 患病兔表现感冒症状，精神沉郁、食欲下降、恶动、体温升高、咳嗽、流鼻涕，严重时可突然死亡。

3. 病变 剖检可见肺部有许多脓肿病灶，广泛性淤血、出血、局部水肿。有纤维素性胸膜炎、心包炎，心包、肺和胸膜之间常发生粘连。肝脏肿大、发生脂肪性变，脾脏肿大，子宫和阴道黏膜出血，兔的两耳也可发生化脓性炎症。新生子兔常呈败血症死亡。

（二）类症鉴别

本病应注意与支气管败血波氏杆菌病、巴氏杆菌病、链球菌病等相区别，详见各病诊断要点。

（三）防治

1. 预防 本病目前还没有菌苗可用于预防，主要是加强饲养管理，平日多观察，一旦发现可疑病兔，要立即隔离、诊断、治疗，同时搞好环境卫生和消毒工作。

2. 治疗 青霉素、链霉素各 10 万单位肌肉注射，每天 2 次，连用 3 天。或新霉素每只按 4 万 ~ 8 万单位肌肉注射，每天 2 次，连用 3 天。或可用磺胺二甲氧嘧啶与二甲氧苄氨嘧啶按 5 : 1 混合，以每千克饲料 120 ~ 130 毫克的浓度混饲 5 ~ 7 天。也可用新诺明（片剂，每片 0.5 克），用于内服，首次用量按每千克体重 0.1 克，维持量每千克体重 0.05 克，每日 2 次。对种兔，可同时使用高免血清注射，每天 1 次，每次 10 ~ 15 毫升，连用 2 ~ 3 天。

皮肤真菌病

关键技术

诊断： 局部皮肤有界限明显、大小不一的癣斑，有断毛、裸秃，被以灰白色鳞屑、结痂甚或溃疡，患病动物有不同程度的轻微痒感。可用显微镜检查真菌孢子和菌丝体。

防治： 搞好环境和个体卫生，定期消毒。发现病兔及时隔离、治疗，病情严重和无治疗价值的病兔要淘汰。注意个人防护。治疗时先剪毛、去痂，涂布制霉菌素软膏，每天 2 次至痊愈，全身治疗可口服灰黄霉素，每千克体重 25 毫克，每天 1 次，连用 2 周。

本病是由多种皮肤霉菌感染引起的一种人、畜共患的真菌性传染病，以脱毛、脱屑、渗出、结痂及痒感为主要特征，又称癣病、秃毛癣。引起兔患本病的病原主要是小孢霉属的石膏状小孢霉，其次是毛癣菌属的须发毛癣菌。

（一）诊断要点

1. 流行特点 多种动物可感染霉菌病，人也可感染，人和动物可相互传染。家兔的皮肤真菌病较少见，饲养管理不当、卫生条件差、消毒不严等均可诱发本病。本病菌主要寄生在患部皮肤，其污染的环境、用具和自然界的土壤中均有此类菌的存在。通过抓挠、摩擦、蚊蝇叮咬等经皮肤损伤感染。

2.症状及病变 潜伏期一般为 3 ~ 4 天，病变首先发生在头部，多在耳壳、鼻、眼、面、嘴、爪、颈部等皮肤出现圆形或块状等不规则的突起，脱毛、断毛，并出现皮肤炎症，继而扩展到皮肤的任何部位，病变部位出现灰白色、麦糠样易脱落的皮屑，严重时病变部结痂，甚或形成溃疡，病兔瘙痒不安、食欲减退，逐渐消瘦，全身感染时可使患兔衰竭而死。

本病主要是通过显微镜检查，发现真菌的分枝菌丝与孢子方能确诊。其方法是：将患部用 75% 酒精擦洗消毒，用镊子拔下感染部位的被毛，用手术刀片刮取病变部位的皮屑，将病料放在载片上，加 10% 氢氧化钠溶液数滴，加盖片（检查皮屑时可微加温使标本透明），在低倍镜和高倍镜下观察（镜检时应降低光亮度）。小孢霉感染时，常见菌丝及小分生孢子沿毛根和毛干部生长，并在被毛的外面镶嵌成厚壳，孢子不进入毛干内。毛癣霉感染时，可见孢子在毛干的外缘呈平行链状排列，毛的内外均可见到。

（二）类症鉴别

本病在诊断时应注意与兔疥螨、营养性脱毛等多种皮肤病相区别。

①兔疥癣病变一般也起始于头部，逐渐蔓延至躯干部分，病变部位与健康部位的界限不是很明显，发炎或有很稀疏脏污的被毛、痂皮，皮肤有增生、粗糙不平。刮取病变部位和健康部位交界处（直至微有渗血）的皮屑，暗视野显微镜检查可发现疥螨。

②耳螨病变一般限于外耳道和外耳皮肤，有时蔓延至耳周围的皮肤，病变部位渗血、结痂，病变的性质和检查同兔疥癣病。

③脱毛症或营养性脱毛时，在脱毛部位就像用剪刀剪过一样，无炎症表现，脱毛部位以大腿两侧、额部、背部较为多见，严重时患兔整个背部几乎寸毛不长，如用灰黄霉素、敌百虫等药物治疗无效,检查无菌丝和疥螨。

④其他脱毛如换毛、遗传性脱毛等，脱毛部位无炎症表现，不影响采食和生长发育，精神状态正常。拉毛时可见兔做窝，或是产期到或是假孕。检查脱毛部位无细菌或寄生虫。

（三）防治

1.预防 主要是加强饲养管理，搞好个体和环境卫生，定期对环境、笼舍、用具等进行消毒，因本菌对外界有极强的抵抗力，耐干燥，对一般消毒剂耐受性强，1% 的醋酸 1 小时、1% 的氢氧化钠数小时、2% 的福尔马林 0.5 小时，方可将其灭活，故在消毒时，对消毒药的使用应有选择性，可用 2% 的氢氧化钠或 0.5% 的过氧乙酸。经常观察兔群，发现病兔及时隔离或淘汰，并对其所接触过的环境及所有器具彻底消毒，同时注意养殖人员的个人防护。

2. 治疗 先剪掉患部的毛，再用药物如 3% 的来苏尔或肥皂水等对患部清洗消毒软化，然后刮去痂皮和鳞屑，涂布 1% 的碘酊，也可用 5% ~ 10% 的硫酸铜溶液涂洗或涂布灰黄霉素软膏、制霉菌素软膏、克霉唑软膏、10% 的水杨酸软膏、10% 的福尔马林软膏、10% 的木馏油软膏等，每天 2 次直至痊愈。全身治疗可口服灰黄霉素，每千克体重 25 毫克，每天 1 次，连用 2 周。对病情严重和治疗无效者应予捕杀，以免病原传播。

四、兔的寄生虫病

球虫病

关键技术

诊断：突然倒地、尖叫而死，下痢乃至血痢，腹部胀满，剖检可见肠内充满大量气体和血色黏液，肠黏膜充血、出血，并有许多小而硬的白色结节，肝型球虫时可见肝脏肿大，肝表面及实质内有白色或淡黄色粟粒大至豆粒大结节。

防治：环境、兔舍及用具要清洁卫生；无害化处理粪便；幼兔和成年兔分开饲养；饲料应新鲜、清洁；球虫病高发季节可定期进行药物预防，发病时及时用药治疗有效。妥曲珠利饮水。每千克含25毫克。或磺胺二甲嘧啶钠饮水，每千克加300~500毫克，连用3~5天。

兔球虫病是由艾美耳属的多种球虫（已知的有14种，我国已发现13种，常见的有7种）所引起的，为家兔常见而危害（斯氏艾美耳球虫寄生在胆管上皮细胞内，其余各种都寄生于肠上皮细胞，且多为混合感染，造成组织细胞的损伤）极其严重的一种寄生虫病。死亡率很高。

（一）诊断要点

1. 流行特点　球虫可危害多种动物，兔是易感动物之一，且对兔的危害极其严重，多呈地方性流行。病兔和隐性感染兔（排出到环境中的球虫称为卵囊，3～4天发育为孢子化卵囊即感染性卵囊）是主要传染源，经消化道感染，即健康兔采食了环境中具感染性的卵囊污染的饲料和饮水等（卵囊进入消化道，其内的子孢子又侵入并破坏寄生处的上皮组织细胞）而发病（病兔又可随粪便排出卵囊到外界环境）。

由于球虫卵囊在外界发育需要一定的温、湿度，所以本病的发生与流行有一定的季节性，在温暖、多雨、湿度大的季节多发，一般每年4～9月份为流行季节，7～8月份最为严重。冬季棚室保温饲养也易发生。断奶、变换饲料、饲养管理与卫生条件不良等均能促使此病的发生和传播。鼠类和蝇类也可转移、散播病原。

本病以断奶子兔至4月龄幼兔最易感，特别是卫生条件较差的兔场，幼兔的感染率可达100%，40%～70%病兔死亡。成年兔抵抗力较强，多为隐性感染，不表现临诊症状，但生长发育受阻，同时也就成了主要的传染来源。

2. 症状　根据球虫感染的种类和寄生的部位不同，兔球虫病可分为肠型、肝型及混合型三种，临诊上多为混合型。

（1）混合型：主要表现食欲减退或绝食，精神沉郁，伏卧不动，眼、鼻分泌物增多，贫血，下痢，消瘦，幼兔生长停滞，肛门周围常被粪便沾污，腹围增大。

（2）肠型：多为急性死亡，突然倒地、角弓反张、尖叫而死；症状稍缓者则出现下痢乃至血痢，腹部胀满臌气，有的腹泻与便秘交替出现。

（3）肝型：肝脏肿大，触诊肝区有痛感，黏膜可能黄染。后期幼兔出现神经症状，四肢痉挛、麻痹，多因极度衰竭死亡。急性病例几天内死亡，慢性病例持续几天至数周不等，死亡或康复。病愈康复者，生长发育要受到一定的影响。

3. 病变　肠型球虫病时，肠壁血管充血，肠壁增厚，黏膜充血、出血并发生卡他性炎症，小肠内充满大量气体和血色黏液；慢性病例，在肠黏膜上有许多小而硬的白色结节，内含卵囊，有时可见有化脓灶，盲肠蚓突部的浆膜下有许多白色硬结。膀胱积尿，尿色黄而浑浊。血液稀薄。

　　肝型球虫时可见肝脏肿大，肝表面及实质内有白色或淡黄色粟粒大至豆粒大结节状病变，就是管壁增厚的胆管，切开时，其中有淡黄色浓稠的液体或有坚硬的钙化物。肝内胆管管腔中还有大量不同发育阶段的球虫。胆囊肿大，胆汁浓稠、色暗。腹腔可见有积液。

　　混合型球虫病，患兔具有肠型和肝型球虫病的病变。

　　但应注意：因成年兔常为带虫者，而急性球虫病初期时粪便内尚无球虫卵囊排出，镜检常不能发现球虫卵囊，所以，生前诊断时，不能单凭粪便中能否检出卵囊而诊断是否患球虫病，必须结合临诊症状和病理变化综合判断。

（二）防治

　　1. 预防　应保持兔舍清洁卫生、干燥，定期对笼、舍和用具进行消毒。在获取青饲料的地域，严禁用病兔粪作肥料，妥善保存饲草饲料，防止兔粪污染；兔粪要进行堆积发酵处理或强日光下暴晒，以杀死卵囊（卵囊对消毒药有很强的抵抗力，干燥空气中数天死亡，对热敏感，80℃水中10秒钟死亡）。病兔尸体要深埋或焚烧。

　　引进兔要进行隔离饲养和检疫，证明无球虫病害时方可混群饲养，选留种用的公、母兔必须经过多次粪检，确认无球虫病者方可留为种用。哺乳期母兔乳房应经常擦洗。断乳后的幼兔应与成年兔分开饲养，最好实行单箱饲养，以减少球虫病的传播。消灭鼠、蝇及其他昆虫；合理安排母兔繁殖季节，使幼兔断奶期避开阴雨天气；发现病兔立即隔离治疗或淘汰。

　　加强饲养管理，提高抗病能力。饲料要新鲜、清洁，对刚断乳的幼兔应给予富含维生素的饲料，如维生素 A 及维生素 B_{12}，可维持肠黏膜的完整性。

　　在球虫病的高发季节，还可定期进行药物预防，可选用下面的方法预防：怀孕25天起到子兔产下5天这一段时间内，可给母兔每天饮用0.01%碘溶液100毫升，停药5天，再改用0.02%碘溶液，每天80～100毫升，连给15天。药液应现配现用，当作饮水，或将药物拌入精料中喂给。也可使用氯苯胍，预防量为每只兔每日20毫克，拌在饲料中喂给。或用大蒜、洋葱，适量混于饲料中经常饲喂。

　　2. 治疗　发生球虫病时，要即刻选用敏感药物和辅助药物进行治疗，同舍内的无症状兔也要同时用药，以减少发病率和死亡率，同时对场地进行清理和消毒。由于球虫易产生抗药性，所以，无论是预防还是治疗，最好选用几种药物交替使用或联合使用（同样药物的不同剂型不能联合或交替应用），以提高治疗效果，但应注意防止中毒。可选用以下药物进行治疗：

磺胺二甲氧嘧啶，首次量按0.1%浓度混饲，维持量减半，连用3～5天，隔3～5天再用；或磺胺二甲嘧啶钠饮水，每千克水含药物300~500毫克，连用3~5天。饮水和拌料不能同时进行。

磺胺六甲氧嘧啶（制菌磺片），首次量按0.1%浓度混饲，维持量减半，连用3～5天为1个疗程，隔1周再用1个疗程。

磺胺二甲氧嘧啶与二甲氧苄氨嘧啶（5：1）混合，以120～130毫克／千克浓度混饲1周，隔周再按上述方法饲喂1周。

三字球虫粉（磺胺氯吡嗪钠），以0.2%浓度拌料饲喂，连用3～5天。

复方敌菌净，主要作为预防用药，按每天每千克体重30毫克剂量，拌料饲喂1周。

氯苯胍，主要作为预防用药，按150毫克／千克饲料混饲，可连用45天。

对球虫病的治疗，目的在于抑制球虫的发育，缓解症状，促进其产生免疫力，所以最初阶段及时用药防治，才能控制本病流行，在药物治疗的同时应结合对症治疗，如防止脱水，可口服补液盐。补充维生素K以阻止出血，补充维生素A促进上皮组织细胞修复等。加入抗菌药物防止细菌感染和其他并发症，从而加速球虫病的康复。

弓形虫病

关键技术

诊断：不食、嗜睡、体温升高至40℃以上，眼或鼻内分泌物增多或有脓性分泌物，继之则出现全身性惊厥或麻痹，一般发病后2～8天死亡。

防治：禁止猫进入场舍，及时清理兔粪并进行发酵。发现病兔后可使用1%来苏尔进行全面消毒，病兔可用20%的磺胺嘧啶钠肌肉注射，成年兔4毫升，幼兔2毫升，每天2～3次，连用3～5天。将病死兔深埋或焚烧。一定要注意个人卫生防护。

弓形虫病，又称弓形体病，是由龚地弓形虫引起的一种人畜共患的原虫病，可感染许多动物，兔多为隐性感染，有时也可出现临诊症状，甚至在兔场和其他养殖场中流行。

（一）诊断要点

1. 流行特点 包括兔在内的许多动物为易感动物。由于本病病原（龚地弓形虫）在个体发育期间需要两个宿主，所以这些动物有的是中间宿主，有的是终末宿主。猫及猫科动物是终末宿主，兔及多种动物和人为中间宿主，猫也可作为中间宿主。

在弓形虫的个体发育过程中有五种形态，即滋养体、包囊、裂殖体、配子体和卵囊。滋养体和包囊出现在中间宿主体内，裂殖体、配子体和卵囊只出现在终末宿主体内。患病的和隐性感染的猫及猫科动物是主要的传染源，其含有感染性卵囊的粪便以及含有滋养体或包囊型虫体的中间宿主如兔的肌肉、内脏、渗出物、排泄物、乳汁、流产的胎儿和胎盘及其所污染的料草、器具均可传播本病。经消化道、呼吸道，也可通过注射、皮肤损伤、黏膜等侵入体内而感染，吸血昆虫也可传播本病，还可通过胎盘感染胎儿。

饲料和饮水被含有大量弓形体卵囊的猫粪污染是兔弓形体病暴发的主要原因。

2. 症状 根据发病时间和临诊症状可将兔弓形虫病分为急性和慢性两种类型。急性病例多见于幼龄兔，可见食欲不振或不食、嗜睡、体温升高至40℃以上、呼吸加快、眼或鼻内分泌物增多或有脓性分泌物，继之则出现全身性惊厥或麻痹，一般发病后2～8天死亡。慢性病例病程较长，多见于老龄兔，病兔精神不振、食欲下降、兔体消瘦，多数病兔可逐渐康复，或可有死亡发生。有部分兔感染后可不表现任何临床症状，即隐性感染。

3. 病变 急性型病理变化可见肝、脾、心、肺、淋巴结等器官组织出现广泛性的灰白色坏死灶及大小不等的出血点，胸腹腔积液，肠黏膜出血、溃疡。慢性型病理变化多不明显，可见肠系膜淋巴结肿大、坏死。

（二）防治

1. 预防 兔场应建在远离其他动物养殖场的地方，保持兔场和笼舍的清洁卫生，消灭老鼠，将兔粪便进行发酵，在兔场内严禁养猫、禁止猫进入兔舍，防止饲料、饮水被猫粪污染。发现病兔后应及时对兔舍、用具及内外环境消毒，可使用1%来苏尔或3%火碱水进行全面消毒，将病死兔深埋或焚烧。一定要注意个人卫生防护。

2. 治疗 磺胺类药物对本病有较好的疗效，配合增效剂使用效果更好。可用20%磺胺嘧啶钠肌肉注射，成年兔4毫升，幼兔2毫升，每天2～3次，连用3～5天。或增效磺胺5甲氧嘧啶注射液（含10%磺胺5甲氧嘧啶和2%三甲氧苄氨嘧啶），每千克体重0.2毫升的剂量肌肉或静脉注射，每天1次，连用3～5天。或磺胺嘧啶与三甲氧苄氨嘧啶（或二甲氧苄氨嘧啶）按5∶1比例混合，每千克体重84毫克口服，每天2次，连用3～5天。也可试用复方新诺明（片剂，每片含增效剂TMP 0.08克、新诺明0.4克）内服，每千克体重30毫克，每天1次。

对于本病应尽早确诊、及时治疗，否则虽可使临诊症状消失，但不能抑制虫体进入组织形成包囊型虫体，而使病兔成为长期带虫者。

兔脑炎原虫病

关键技术 ————————————————————————

诊断：兔发生惊厥、颤抖、斜颈、麻痹、昏迷、平衡失调等症状，病变可见肾表面有许多针尖大小的白点和灰白色的小凹陷，大脑皮质切面有针尖大小的病灶可怀疑为本病。

防治：尽量减少兔与犬、猪的接触，怀疑患有本病的兔应即刻淘汰，不可食用，深埋或烧毁，环境和器具可用3%火碱水进行全面消毒，注意个人卫生防护。

————————————————————————————

兔脑炎原虫病是由兔脑炎原虫所引起的一种慢性原虫病，主要侵害脑组织和肾脏，以神经症状为特征。已有多种动物自然感染本病的报道，家兔多为隐性感染。兔脑炎原虫的成熟孢子呈杆状，两端钝圆，或呈卵圆形，核致密、呈圆或卵圆形，偏于虫体一端。在神经细胞、内皮细胞、巨噬细胞内或在细胞外，可见虫体集落，每个集落含有 100 个以上的虫体。

（一）诊断要点

1. 流行特点　兔、犬、猪和人均可自然感染本病，病兔的尿液中含有脑炎原虫，通过接触尿液和尿液污染的饲料、饮水、器具等，经消化道感染，也有可能经胎盘传播。本病广泛分布于世界各地，我国也有报道。发病率为 15% ~ 76%。

2. 症状　一般为慢性或隐性感染，常不表现症状，有时可见脑炎、肾炎等症状，如惊厥、颤抖、斜颈、麻痹、昏迷、平衡失调、蛋白尿和下痢等症状。

3. 病变　观察病兔的肾脏可见明显的病理变化，肾表面有许多针尖大小的白点和灰白色的小凹陷，如肾脏损害严重时，表面呈颗粒样外观，凹凸不平，肾脏质地脆弱，切面可见皮质增厚，有的部位皮质和髓质界线不清（组织学检查主要为间质性肾炎、纤维化和小肉芽肿，小肉芽肿由淋巴细胞与浆细胞组成，肾中的虫体位于肾小管上皮细胞内或游离于管腔中）。观察病兔脑组织，可见大脑皮质切面有针尖大小的病灶（中心发生坏死，有多量脑炎原虫，外围是淋巴细胞、浆细胞和胶质细胞）。

通过临诊症状和病理剖检变化可怀疑患有本病，确诊则需进行病理组织切片或尿液、腹水、脑脊髓液的涂片、染色镜检，发现虫体才能确诊。生前诊断可使用荧光抗体试验和皮内变态反应试验。

（二）防治

1. 预防　因本病在动物间的传播方式还没有完全清楚，而且已有兔、犬、猪和人患本病的报道，所以应尽量减少兔与犬和猪的接触，以减少传播机会。发现怀疑患有本病的兔应即刻淘汰，不可食用，深埋或烧毁，环境和器具可用 3% 火碱水进行全面消毒，一定要注意个人卫生防护。

2. 治疗　目前本病尚无特效药物治疗，同时本病主要损害肾和脑组织，一旦表现出症状，实际上已经造成相应器官、组织的器质性损伤，尤其对于兔来说已失去治疗意义，及时淘汰还可减少病原的传播机会。

必要治疗时，除加强卫生防疫措施外，可试用 20% 磺胺嘧啶钠肌肉注射，成年兔 4 毫升，幼兔 2 毫升，每天 2 ~ 3 次，连用 3 ~ 5 天。无神经症状时也可试用磺胺二甲基嘧啶（片剂，每片 0.5 ~ 1 克）内服，每千克体重首次量 0.2 ~ 0.3 克，维持量减半，每天 1 ~ 2 次；如静脉或肌肉注射（针剂，每支 10 毫升，含 1 克），每千克体重 0.05 克，每天 1 ~ 2 次。也可同时配合四环素类或螺旋霉素等药物针剂进行注射治疗，用量可参照使用说明应用。

隐孢子虫病

关键技术

诊断： 一般为隐性感染。严重时，食欲下降、腹泻，进一步发展可出现脱水症状，甚至引起死亡。利用漂浮法收集卵囊后涂片染色发现卵囊后方可确诊。

防治： 加强饲养管理，提高兔抗病力。治疗可试用大蒜酊 5 ~ 10 毫升内服，每天 1 次。肌肉注射庆大霉素，每次 4 万单位，每天 2 次，防止继发细菌感染。

隐孢子虫病是由微小隐孢子虫引起的一种原虫性疾病，主要损害肠黏膜上皮细胞，是一种人畜共患病。兔及啮齿类动物多为隐性感染。

（一）诊断要点

1. 流行特点 兔及多种动物和人可感染本病。患病动物和隐性感染动物是主要的传染源，其粪便中含有卵囊，通过污染的草料和饮水经消化道感染。兔多呈隐性感染，有资料显示，血清学调查有 40% 的兔是阳性。本病常与其他疾病并发或继发感染，易造成误诊。

2. 症状 一般为隐性感染。严重时，由于病原寄生于消化道上皮细胞并造成损伤，从而引起消化道功能紊乱，食欲下降、腹泻，进一步发展可出现脱水症状，兔体抵抗力较弱时可引起死亡。

3. 病变 主要病理变化在肠道，肠道黏膜充血、出血，肠绒毛萎缩脱落。可通过粪便检查，利用饱和蔗糖溶液漂浮法收集粪便中的卵囊后，用显微镜油镜 1 000 倍放大观察，内含 4 个裸露的香蕉形子孢子和一个较大的残体。

（二）防治

1.预防 加强饲养管理，提高兔抗病力，保证青绿饲料的新鲜清洁。保持兔舍干燥、清洁卫生，潮湿季节及时清理粪便，对粪便要进行堆积发酵处理。

2.治疗 目前尚无理想的治疗方法，可试用大蒜酊每天1次口服5～10毫升，隔2小时后用活性炭每天1次1克内服。对严重腹泻者及时补液和补充电解质，可用市售的电解质维生素制剂按说明饮水，同时可静脉注射葡萄糖盐水或5%葡萄糖15～30毫升。如为合并感染，要注意对原发病或继发病的治疗。补充维生素K以阻止出血，补充维生素A促进上皮组织细胞修复等。加入抗菌药物可肌肉注射庆大霉素每次4万单位，每天2次，防止细菌感染。

肝片吸虫病

关键技术

诊断： 食欲下降、消化不良、腹痛、腹泻、消瘦、衰弱、贫血，剖检可见腹腔内有大量的淡黄色积液。初期肝脏肿大、急性肝炎或有内出血，后期在寄生的肝胆管内可发现幼虫，肝组织硬化、肝萎缩呈黄色。确诊可用水洗沉淀法做粪便中的虫卵检查。

防治： 不饲喂沟、塘、河边的草和水草，尽量饮用井水，粪便要堆积发酵。注意驱虫，驱虫和治疗可用丙硫苯咪唑，每千克体重15毫克，一次性口服，隔日再用药1次。

肝片吸虫病是由肝片吸虫寄生于动物肝脏胆管和胆囊内引起的一种吸虫病，兔也可被寄生，尤其是以青饲料为主的兔发病率和死亡率均较高，危害也很大。

（一）诊断要点

1.流行特点 兔和许多动物可患肝片吸虫病。经消化道感染，即肝片吸虫的成虫（形如柳叶，背腹扁平，新鲜虫体红褐色，长20～35毫米，宽5~13毫米）在胆管中产卵，卵随胆汁的排出进入消化道，又随粪便排到外界，当随粪便进入水中后可孵化出肝片吸虫的幼虫即毛蚴，毛蚴又可钻入其中间宿主即椎实螺体内，经过多个阶段的进一步发育，形成又一种肝片吸虫的幼虫即尾蚴，此时，大量尾蚴离开螺体，浮在水面或黏附在水草上形成囊蚴，当兔吃了带有囊蚴的水草和水后被感染，囊蚴进入消化道，穿过十二指肠进入腹腔，又通过肝脏被膜进入肝脏，通过肝脏实质进入肝胆管，最后在肝胆管内发育为成虫，开始下一个周期，由口到肝脏的过程中造成肌体组织器官的损害，从而出现一系列的临诊症状。

由于虫体在发育过程中需要椎实螺和水，所以本病多发生于夏秋雨季水草丰富季节以及低洼沼泽地区和山川小溪水草丰富的地带。

2. 症状　临诊症状一般表现精神不振、食欲下降、消化不良、腹痛、腹泻、黄疸，进一步发展则逐渐消瘦、衰弱、贫血，疾病严重时，眼睑、下颌、胸腹下出现水肿，逐渐衰竭死亡。

3. 病变　剖检可见皮下脂肪水肿，腹腔内有大量的淡黄色积液。

感染初期，由于大量幼虫由肠道向肝脏移行，因而造成肠壁及肝组织的损伤，可见肝脏肿大、表面有纤维素样沉积，以及幼虫移行时留下的很多数毫米长的暗色虫道，突出于肝脏表现，内有凝固的血液和小的幼虫，从而引起急性肝炎和内出血，致使腹腔内积有大量红色的炎性渗出液。

感染后期，由于成虫寄生在肝胆管内，使肝胆管扩张，有的肝胆管则呈绳索状突出于肝脏表面，切开胆管可见管壁由于结缔组织增生而增厚、内壁粗糙，内有虫体和污浊浓稠的液体。同时由于虫体对肝脏组织的损伤和炎性反应，使肝组织硬化、萎缩呈黄色。

本病生前通过流行特点和临诊症状可初步诊断，确诊可用水洗沉淀法做粪便中的虫卵检查，虫卵在镜下呈金黄色椭圆形，一端有卵盖，内含多个卵黄细胞和一个胚细胞。

（二）防治

1. 预防　尽量不饲喂沟、塘、河边的草和水草，如果饲喂，可将这些草先用井水冲洗净，再将附在草上面的水晾晒干后饲喂。注意饮水卫生，尽量饮用井水。及时清理兔粪便，经堆积发酵后再利用，以防病原传播扩散。注意预防性驱虫，一般在春秋两季进行，也可根据当地情况而定，预防性驱虫用药同于治疗用药。

2. 治疗 可用硫双二氯酚，每千克体重50～80毫克，一次性口服。或丙硫苯咪唑，每千克体重15～20毫克，一次性口服，隔日再用药1次。或硝氯酚，每千克体重5毫克，3天后再用药1次。

血吸虫病

关键技术

诊断：腹泻、便血、消瘦、贫血，剖检可见肝脏表面有灰白色或灰黄色虫卵结节。在门脉血管中可见到虫体，严重时腹腔积液，在肠系膜和肠壁上可见到幼虫，肠道充血、出血、溃疡、肠黏膜增厚。

防治：饲喂水草时，应先用井水冲洗净，再将附在草上面的水晾晒干后饲喂。尽量饮用井水。及时清理兔粪并堆积发酵。治疗可用吡喹酮，每千克体重20毫克，一次性内服。

血吸虫病是由日本吸血虫寄生于动物的肠系膜、静脉系统的小血管内所引起的一种寄生虫病，是一种人畜共患病。

（一）诊断要点

1. 流行特点 兔和多种动物以及人均可感染本病，广泛流行于长江流域及其以南省区。主要经消化道感染。

日本血吸虫成虫寄生于门脉系统，为雌雄异体、线形，二者相比雄虫较粗短，雌虫则较为细长，在寄生状态时雌雄合抱在一起，雌虫位于雄虫的抱雌沟内，在寄生部位即门脉系统，雌虫产出的卵有一部分顺血流到肝脏，在肝脏内形成肉芽肿，另一部分逆血流到肠壁，透过肠壁到肠腔，随粪便排出体外。虫卵在水中孵出毛蚴，毛蚴侵入中间宿主钉螺体内，进行无性繁殖，经过多个阶段的发育形成很多尾蚴，尾蚴离开螺体重新进入水中或附于水草。

家兔多采用笼养、舍或圈内散养，自然感染机会很少，但人为地让兔饮用和采食这些被污染的水和水草而使尾蚴乘机侵入机体，通过肠壁由血流到达门脉系统发育为成虫。

2. 症状 少量感染时，一般没有明显的临诊症状，大量感染时可表现相应的症状。由于幼虫和虫卵对肠壁的损伤作用，可表现出腹泻、便血等症状。同时由于部分虫卵顺血流到肝脏，致使肝组织损伤，加之幼虫和虫卵对肠壁和肠系膜的损伤，致使渗出增加，形成大量的腹水。成虫的寄生而使门脉不通畅，静脉回流障碍，虫体对营养物质的消耗和对肝脏、肠道的损害及所引起的器官机能紊乱，可导致兔体消瘦、贫血等。

3. 病变　剖检可见肝脏表面有灰白色或灰黄色虫卵结节，时间长时可见肝萎缩、硬化。在门脉血管中可见到虫体，大量感染及病情严重时，腹腔积液，在肠系膜和肠壁上可见到幼虫，肠道内有大量的虫卵，肠道充血、出血、溃疡，肠黏膜增厚。

生前根据临诊症状、病变，采用粪便沉淀孵化法检查出毛蚴可确诊。虫卵为椭圆形、淡黄色、卵壳较薄、无卵盖，内含1个毛蚴。

（二）防治

1. 预防　尽量不饲喂沟、塘、河边的草和水草，如要饲喂，可将这些草先用井水冲洗净，再将附在草上面的水晾晒干后饲喂。注意饮水卫生，尽量饮用井水。及时清理兔粪便，经堆积发酵后再利用，以防病原传播扩散。平时要注意观察，及时发现、尽早治疗病兔。

2. 治疗　治疗首选药为吡喹酮，按每千克体重20毫克，一次性内服。

豆状囊尾蚴病

关键技术 ————————————————————————

　　诊断：确诊所养犬、猫是否患豆状带绦虫病。病兔食欲下降、腹部胀大、腹泻、消瘦，幼兔生长迟缓。剖检可见肠系膜、大网膜、肝脏表面等有数量不等的豌豆大小、半透明的囊泡（豆状囊尾蚴）。

　　防治：场内禁养犬、猫，病死兔的内脏和尸肉要深埋或烧毁，不能喂给犬、猫、狐等动物。患病兔可试用吡喹酮治疗，按每千克体重20毫克，一次性内服，每天1次，连用5天。

豆状囊尾蚴病是寄生在犬、猫、狐和其他野生肉食动物小肠内的豆状带绦虫的幼虫即豆状囊尾蚴，寄生于此寄生虫的中间宿主——兔的肝脏、肠系膜、大网膜和腹腔内所引起的一种绦虫蚴病。

（一）诊断要点

1. 流行特点　兔和多种动物以及人均可感染本病。经消化道感染。犬、猫等动物是此寄生虫的终末宿主，吞食了有豆状囊尾蚴如兔的脏器后，在肠道内，豆状囊尾蚴由其囊内伸出头部并逐渐长成为成熟的豆状带绦虫，其由头部和许多节片组成，节片成熟后可以脱离虫体并含有许多的卵，成熟节片和虫卵随粪便排到外界。当中间宿主兔吞食了这些节片、卵或被污染的饲料后而被感染，卵进入兔胃肠道后，其所含的绦虫幼虫即六钩蚴可从卵内逸出并进入肠壁侵入血管，随血流到达肝脏（移行 15 ~ 30 天后），穿透肝包膜进入腹腔，在肝表面、大网膜、肠系膜等处生长，经 2 ~ 3 个月发育成豆状囊尾蚴。

2. 症状　在少量感染时临诊症状不明显，大量感染时由于虫体对肝脏及肠道的损害，可导致肝炎和消化机能障碍，表现为精神不振、食欲下降、腹部胀大、腹泻、消瘦等症状，幼兔生长迟缓。

3. 病变　剖检可见兔体消瘦、皮下组织水肿、腹腔积液、肝脏肿大、表面有黑红或灰白色条纹状病灶（六钩蚴在肝脏内移行所致），严重的慢性病例，在肠系膜、大网膜、肝脏表面有数量不等的豌豆大小、半透明的囊泡（豆状囊尾蚴），量多时可形成葡萄串状。

本病生前诊断比较困难，死后剖检发现囊尾蚴后可确诊。

（二）防治

1. 预防　兔场要远离其他肉食动物养殖场，禁止饲养犬、猫等动物，防止犬、猫、狐等动物的粪便污染家兔的饲料、饲草及饮水。确诊患本病的病死兔的内脏和尸肉要深埋或烧毁，不能喂给犬、猫、狐等动物。

2. 治疗　怀疑患有本病的兔，可试用吡喹酮治疗，按每千克体重 20 毫克，内服，每天 1 次，连用 3 天；或甲苯咪唑，按每千克体重 35 毫克剂量口服，每天 1 次，连用 3 天；或用丙硫咪唑，每千克体重 25 毫克，一次内服。

连续多头蚴病

关键技术

　　诊断：在肌肉或皮下发现有可动无痛的包囊（连续多头蚴），镜检囊内有很多头节（原头蚴）可确诊。

　　防治：参考兔豆状囊尾蚴病的预防措施。治疗可试用麝香草酚溶解于油脂内，隔日注射1次，可以使皮下包囊退化。

　　连续多头蚴病是寄生于犬小肠内的连续多头绦虫的中绦期即连续多头蚴，寄生于此寄生虫的中间宿主——兔的皮下、肌肉、脑、脊髓等组织中所引起的一种绦虫蚴病。

（一）诊断要点

　　兔、松鼠等啮齿类动物易感，患病犬是主要的传染源，经消化道感染。连续多头绦虫的成虫寄生在犬小肠并产卵，卵随犬的粪便排到外界，兔饮食了被污染的水、料后，卵内的幼虫即六钩蚴在消化道由卵内逸出，钻入肠壁随血流到达皮下和肌间结缔组织，发育成连续多头蚴，连续多头蚴可发育成樱桃甚至苹果大、坚实而有弹性，在寄生部位形成无痛的肿胀并能移动，寄生数量一般4～5个，最多可达70个。当带有连续多头蚴的兔肉又被犬食入时，连续多头蚴在小肠内留下原头蚴（连续多头蚴包囊内的头节），原头蚴固着在肠黏膜上发育为连续多头绦虫的成虫。

　　感染本病时无明显的临诊症状，如在肌肉或皮下发现有可动无痛的包囊（连续多头蚴），镜检囊内有很多头节（原头蚴）可确诊。

（二）防治

　　可参考兔豆状囊尾蚴病的预防措施。治疗可试用麝香草酚溶解于油脂内，隔日注射1次，可使皮下包囊退化。由于本病的幼虫阶段可寄生于人体内，故应注意个人卫生防护工作。

栓尾线虫病

关键技术

　　诊断：结合临诊症状，并通过粪便检查发现虫卵可确诊。经过驱虫可在粪便内或剖检在盲肠内发现形如细线头状、尾端尖细的成虫可确诊。

　　防治：清理舍内粪便，保持笼舍的清洁、干燥、卫生，定期驱虫，可用丙硫苯咪唑，每千克体重20毫克拌于料中混饲，隔日1次，连用2次，治疗量与此相同。

　　兔栓尾线虫病又称兔蛲虫病，是由栓尾线虫寄生于兔的盲肠及大肠内引起的一种常见的线虫病。

（一）诊断要点

　　主要感染兔。患病兔是主要传染源。虫体细线头状，雄虫长3～5毫米，雌虫长8～12毫米，尾端尖细，寄生于兔的盲肠及大肠内，并在此产卵，虫卵两侧不对称，椭圆形，卵壳光滑，一端有卵盖，内含胚细胞或一条卷曲的幼虫，虫卵随粪便排出体外可污染环境、饲料和饮水，兔在采食和饮水过程中食入了卵即被感染。

　　轻度感染即感染量少时见不到明显的症状，当大量感染时，由于幼虫在盲肠内发育并以肠黏膜为食，可引起黏膜损伤、炎症和溃疡，表现精神沉郁、食欲减少、下痢、被毛粗乱、进行性消瘦，重者可引起死亡。

　　怀疑兔患本病时可进行粪便检查，镜下可发现虫卵。药物驱虫后检查粪便或剖检盲肠发现大量成虫可确诊。

（二）防治

　　加强粪便管理，保持笼舍的清洁、干燥、卫生，定期消毒，定期驱虫可参照治疗用药。治疗时，可选用左旋咪唑，以每千克体重5～10毫克剂量口服，每天1次，连用2天；或丙硫苯咪唑，每千克体重20毫克剂量混饲，隔日1次，连用2次。

兔鞭虫病

诊断：结合临诊症状，并通过粪便检查发现虫卵可确诊。经过驱虫可在粪便内或剖检在盲肠内发现大量形如鞭子样的成虫可确诊。

防治：清理舍内粪便，保持笼舍的清洁、干燥、卫生，定期驱虫，可用丙硫苯咪唑，每千克体重25毫克混饲，隔日1次，连用2次，治疗与此相同。

兔鞭虫病又称毛首线虫病，是由兔毛首线虫寄生于兔大肠所引起的一种体内寄生虫病。

（一）诊断要点

兔鞭虫因其外形像鞭子（前段细后端粗）而得名，前部又似毛发故又称毛首线虫，主要感染家兔和野兔。患病兔是主要传染源。成虫寄生于兔的盲肠和结肠内，虫体尖端可钻入肠黏膜深处并在此产卵，虫卵椭圆形，两端有塞状物，虫卵随粪便排出体外，可污染环境、饲料和饮水，并在体外发育成含幼虫的感染性卵，兔在采食和饮水过程中食入了具有感染性的卵，卵内的幼虫逸出并进入小肠前段黏膜内，然后移行到盲肠和结肠发育为成虫。

轻度感染即感染量少时见不到明显的症状，当大量寄生时可造成盲肠黏膜的广泛破坏，病兔出现腹痛、腹泻、粪便带血，有的腹泻与便秘交替发生，有时可发生贫血，幼兔发育缓慢。

（二）防治

及时清理舍内粪便，保持笼舍的清洁、干燥、卫生，定期消毒，定期驱虫可参照治疗用药。治疗可用杀鞭虫灵（酞酸丙炔脂），每千克体重250～300毫克，口服或静脉注射1次，效果很好。或甲苯咪唑，每千克体重22毫克，混于饲料中，每天1次，连用5天。或丙硫苯咪唑，每千克体重25毫克混饲，隔日1次，连用2次。

肝毛细线虫病

诊断：死后剖检可见肝脏表面有许多绿豆大小或呈带状的黄色结节，取结节压片，镜检到虫卵可确诊。

防治：尚无较好的治疗方法，以预防为主，确诊为本病的死兔，尤其是病兔内脏要深埋或烧毁，避免传播，疑为患本病的兔，可试用甲苯达唑或阿苯达唑等治疗。

本病是由毛细线虫属的多种线虫寄生于啮齿类动物的肝组织内所引起的一种线虫病。人偶尔也可被感染。

（一）诊断要点

兔、鼠等啮齿动物易感，人也可感染。患病动物为主要传染源。主要经消化道感染。成虫细线状，大小为 4～5 厘米，寄生在肝脏组织中并发育产卵，虫卵两端有塞状物，卵壳表面稍有凹凸，含有虫卵的肝脏组织或被此组织污染的水和料由另一个宿主吞食后，卵在肠道内孵化，幼虫钻入肠壁，经血液循环到达肝脏继续发育为成虫。

兔感染本病后无明显症状，肝脏内的大量虫卵可引起纤维性结缔组织包围，严重时造成肝硬化，死后剖检可见肝脏表面有许多绿豆大小的或呈带状黄色结节，取结节压片镜检，见到虫卵即可确诊。

（二）防治

此病目前尚无较好的治疗方法，应以预防为主，确诊为本病的兔，尤其是病兔内脏要深埋或烧毁，避免传播，人不要吃食患此病的兔及啮齿类动物的内脏，以防感染。被怀疑为患本病的兔，可试用甲苯达唑或阿苯达唑等治疗。

兔疥癣

诊断：兔患疥螨病时患部脱毛、发炎、疱疹、结痂、皲裂、溃痼，兔体消瘦。痒螨病主要引起外耳道炎症，形成黄色痂皮，充满耳道。

防治： 保持兔舍干燥、卫生，定期消毒。及时发现病兔且立即隔离治疗，用伊维菌素每千克体重0.3毫克皮下注射1次，对接触过的环境、器具等清理并消毒。

兔疥癣是兔疥螨和痒螨寄生于兔体表引起的一种接触性、慢性、外寄生虫性皮肤病，以皮肤损伤、瘙痒为特征。传播迅速，严重时可造成兔死亡，对养兔业的危害很大。

（一）诊断要点

1. 流行特点 主要侵害兔，接触性感染且感染性很强。疥螨和痒螨的全部发育过程都在动物皮肤上完成（包括卵、幼虫、若虫、成虫4个阶段。完成整个发育过程疥螨需8～22天，痒螨需10～12天），而且疥螨在外界可存活3周，痒螨可存活2个月，所以，病兔和被病兔污染的环境、兔舍、用具等都可成为传染源。

本病多发生于秋冬及初春季节，尤其在冬季，日光照射不足、兔舍阴暗潮湿，兔毛浓密、脏乱、湿度大，最适合螨的生长繁殖，加速本病的蔓延，发病率可达40%以上。幼兔比成年兔患病严重。本病也可传染给人。

2. 症状 兔疥螨病，一般开始于嘴周围、鼻端和脚爪部，兔有剧烈的痒感。频繁用嘴啃咬爪，用爪拍打地面，抓挠鼻和嘴，患部脱毛、发炎、疱疹，并逐渐向周围蔓延，严重时头面部、四肢和腹部脱毛、结痂、皮肤增厚，全身发痒、不安、食欲下降、消瘦，长期不治，则会由于患部感染不能正常采食和休息而衰竭死亡。

兔痒螨病，主要侵害内耳和外耳道，引起外耳道的炎症，起初耳根红肿，随后延及外耳道并引起外耳道炎，渗出物干燥成黄色痂皮，如纸卷样塞满耳道内，患兔不断地摇头、抓耳、耳廓下垂，如炎症蔓延至中耳、内耳、甚或脑时，则会出现癫痫发作的症状，甚至死亡。

3. 病变 疥螨病时，疥螨寄生在兔的表皮内，并以皮肤组织细胞和淋巴液为食，掘挖隧道，在其内生长、发育、产卵，造成皮肤炎症和损伤，加之摩擦、抓挠等，会使患部渗出组织液、出血、结痂、皲裂、溃疡，兔体消瘦，直至死亡。

痒螨病时，痒螨多寄生于兔的耳和外耳道的皮肤表面，可引起皮肤表面的炎症和渗出组织液，虫体以吸吮渗出液为食，渗出液干燥后形成黄色痂皮，充满耳道。

根据症状与病变可以做出初步诊断，确诊应查出虫体，较简便的方法是：在病部与健部皮肤交界处用小刀轻刮（以微出血为止）以获取痂皮，将刮取物放在黑纸上稍加热或置于阳光下，用放大镜或肉眼仔细观察，可见到螨虫在黑纸上爬动。

（二）类症鉴别

本病应与湿疹和由霉菌引起的兔脱毛癣病相区别。霉菌引起的兔脱毛癣痒觉不明显，病变部脱毛区为圆形或椭圆形，光滑、干燥，一般无痂皮或痂皮较少。湿疹多呈密集的小红点或红疹块状，位于腹部下方，可有脱毛，但痒感不剧烈。

（三）防治

1. 预防　要经常清理兔舍内的粪便，保持兔舍的清新干燥、卫生、通风、光照充足，定期消毒，经常性检查兔群，及时发现病兔且要立即隔离治疗或淘汰，并对接触过的环境、器具等彻底清理并消毒，以防病原传播。引进兔时，为防患病兔进场，要仔细观察，无症状兔才能进场，并隔离饲养一段时间，确无病害时方可混群饲养。

2. 治疗　一般杀螨药都具有一定的毒性，要严格按照说明应用，以防中毒。外用药治疗时，先将患部及周围的毛剪掉，用来苏尔消毒液浸润并去掉痂皮，然后涂抹外用药，也可使用注射剂或内服剂等，可根据具体情况选用。需要注意的是不要多次连续用药，以免中毒。也不宜采用药浴治疗，以免中毒。药物治疗的同时要对笼具、舍、食槽等器具进行消毒。兔舍内严禁处理螨病，以免皮屑、痂皮散播，毛、痂皮等病料应就地烧毁。可选用下列药物进行治疗：

16%蝇青磷乳油加水 70 倍稀释，以毛笔蘸取蝇青磷液涂擦患处，每日 1~2 次，隔 7 天继续 1 次。

1% ~ 2%敌百虫水溶液擦洗病部，每天 1 次，连用 2 天，1 周后再用 1 次。

50%辛硫磷乳油剂配成 0.1%或 0.05%水溶液，涂擦耳壳内外，治疗兔耳螨病。

二氯苯醚菊酯乳油（除虫精）1毫克加水2.5 ~ 5升，配成2 500 ~ 5 000倍稀释液，涂擦1次。未愈时7天后再治1次。

碘甘油（碘酊3份，甘油7份，混合）灌入耳内，每天1次，连用3天。多用于治疗兔痒螨病。

豆油100毫升煮沸，加入硫磺20克，搅拌均匀，待凉后涂擦病部，每天1次，连用2 ~ 3天。

伊维菌素内服或皮下注射，每千克体重0.3毫克。

耳螨病

关键技术

诊断：摇头、抓耳，继之发炎、红肿、分泌物增多，耳道内出现暗褐色的蜡质物或可有鳞状渗出物，刮取耳道内皮肤上的污物并置于培养皿内或一干净透明的玻璃片上，略加温，迅速放在黑色背景下，用放大镜观察可见到白色点状运动的螨虫。

防治：参照兔疥癣病防治措施。

耳螨病是犬耳螨寄生在兔、犬等的耳和耳道皮肤表面所致的一种体外寄生虫病，以皮肤炎症、渗出物和痂皮的形成为特征，甚至出现脑膜炎。

（一）诊断要点

1. 流行特点　主要侵害兔、犬、猫、貂、狐等动物，患病动物和被污染的环境、笼舍、用具等都可成为传染源，接触性感染。虫体寄生在动物的耳和耳道皮肤表面，适宜条件下孵出幼虫，经几次蜕皮发育为成虫。

2. 症状　发病初期，病兔摇头、抓耳，继之发炎、红肿、分泌物增多，耳道内出现暗褐色的蜡质物或可有鳞状渗出物，损伤可波及内耳、鼓膜，当侵害到脑组织时可并发脑膜炎，而出现痉挛等症状。

根据临诊症状可初步诊断，进一步确诊可剪掉患部毛，刮取耳道内皮肤上的污物并置于培养皿内或一干净透明的玻璃片上，略加温，迅速放在黑色背景下，用放大镜观察可见到白色点状运动的螨虫。

（二）防治

各种动物分舍或分场饲养，其他可参照兔疥癣病防治措施。

兔虱病

关键技术 ————————————————————

诊断：兔有痒的感觉，抓挠、啃咬寄生着兔血虱的部位，造成渗出、出血、结痂，甚至皮肤增厚、脱毛，仔细检查可看到兔虱或可发现淡黄色的虫卵。

防治：参照兔疥癣病防治措施。

————————————————————————

兔虱病是由兔血虱寄生于家兔体表引起的一种慢性体外寄生虫病。

（一）诊断要点

兔舍和兔体脏污时极易感染本病，兔血虱寄生于家兔体表，感染兔是主要的传染源，通过直接接触患兔或间接接触污染的器具感染。

兔感染兔血虱时，由于虫体叮咬及所分泌毒液的刺激，使兔发生痒的感觉，抓挠、啃咬寄生着兔血虱的部位，造成渗出、出血、结痂，甚至皮肤增厚、脱毛，仔细检查可看到兔虱或可发现淡黄色的虫卵，寄生量大时可引起兔食欲不振、消瘦。

（二）防治

可参照兔疥癣病防治措施。

五、兔的内科病

口炎

诊断：检查口腔如有潮红、损伤或溃疡而无水疱病变，继之可查有异形尖锐牙齿、口腔或料草内有异物、活动区有腐蚀性物品可确诊。

防治：保持草料的新鲜清洁、无尖锐异物，有异形或尖锐牙齿的种用兔要淘汰，商品兔可淘汰或进行牙齿修整，有腐蚀性和刺激性的物品的放置要远离兔活动区。药物治疗用0.1%高锰酸钾溶液，每天冲洗2~3次，再用棉球蘸取碘甘油涂擦。

本病是由于物理和化学等因素的刺激致使口腔黏膜局部损伤而发生的炎症，又称口疮。

（一）诊断要点

1. 病因学调查　有使口腔损伤、发炎的病史。如采食硬质和带刺的饲草、饲料，饲草中混有钉子、铁丝、玻璃等锐利物，误食了具有刺激性或腐蚀性的物质如生石灰、氨水等都可能直接损伤口腔黏膜引起炎症。此外，有异形或尖锐牙齿，采食了霉变饲料、营养不良、相邻器官的炎症也可导致口炎的发生。

2. 症状和病变　临诊表现可见患兔大量流涎，有食欲但采食减少或不食，下颌及前胸部被毛脏污，观察口腔黏膜可见潮红、肿胀，甚至出现损伤或溃疡。

本病应与患水疱性口炎的病兔相区别，患水疱性口炎时，唇及舌和口腔黏膜发红，但可见细小水疱、脓包及其破溃后发生的糜烂和坏死，口腔恶臭，流出脏污及常混有血液并带臭味的唾液。

（二）防治

1. 预防　保持饲料新鲜、清洁、干净，不喂发霉腐败或粗硬带刺的饲草饲料，及时除去饲料内和口腔中的异物，饮水要清洁，有刺激性和腐蚀性的物品的放置要远离兔活动区，避免兔误食造成口腔的损伤。淘汰有异形和尖利牙齿的种兔，一是避免自损口腔，二是防止交配和咬闹时造成其他兔的外伤，三则是否遗传而致使后代有异形牙齿。对商品兔的异形和过于尖锐的牙齿可进行修整。

2. 治疗　病初可选用 1% 食盐水、2% 硼酸水、5% 明矾水或 0.1% 高锰酸钾溶液，每天冲洗 2～3 次，再用棉球蘸取碘甘油涂擦，或撒布青霉素和链霉素（2：1）适量，或冰硼散，效果很好。

出现全身症状的患兔要及时使用抗生素，如青霉素按每千克体重 1 万～2 万单位，链霉素以每千克体重 2 万～5 万单位，每 8～12 小时肌肉注射 1 次。也可内服磺胺类药物治疗，如新诺明（片剂，每片 0.5 克），首次用量按每千克体重 0.1 克，维持量每千克体重 0.05 克，每日 2 次。

治疗的同时应加强护理，清除致病因素，喂以营养丰富、容易采食和消化的柔软饲料，以减少对口腔的刺激。

积食

关键技术 ————————————————————————

　　诊断：有采食难以消化饲料的病史，腹部膨大，触诊腹部胀而硬，有腹痛症状，剖检可见胃内容物胀满、胃黏膜脱落，胃破裂者，局部有裂口，腹腔被胃内容物污染。

防治：喂料要定时定量，控制饲喂难以消化的饲料，切忌饥饱不均。幼兔不宜突然断奶或断奶过早。发病后宜早治疗，主要是润肠通便，可灌服植物油10～20毫升。

本病是由于兔贪食过多难以消化的饲料，使饲料磨碎的同时吸湿膨胀所致，2～3月龄的幼兔容易发生，主要是由于饲养管理不善所致。

（一）诊断要点

1. 病因学调查 幼兔过早或突然断奶，导致胃肠不适应而消化不良积食或饥饿过食积食；或由于投喂饲料过多或饲料保管不当，兔贪食过量的、难以消化又适口性好的饲料，如难于消化的玉米、小麦、黄豆等，由于消化液或食后又过量饮水的作用，使饲料在胃内磨碎的同时而吸收大量的水分，造成胃内积聚的食物的急剧膨胀，致使胃积食、扩张。

2. 症状和病变 一般采食后几小时即可发病。病初兔眼半闭、磨牙、蹲伏不动、腹部膨大，继之流涎、呼吸困难，可视黏膜发绀，触诊腹部胀而硬，同时伴有腹痛症状，四肢积于腹下，时常改变蹲伏位置、异常痛苦、发出悲叫。如果胃继续扩张，常导致窒息甚至胃破裂死亡。

剖检可见胃体积显著增大，胃内容物胀满，胃黏膜脱落。胃破裂者，局部有裂口，腹腔被胃内容物污染。

（二）防治

1. 预防 要保管好饲料，尤其是精料，以免兔过度采食。加强饲养管理，喂料要定时定量，控制饲喂难以消化的饲料等，切忌饥饱不均。幼兔不宜突然断奶或断奶过早，要逐渐断奶，使胃肠逐渐适应饲料的特性，逐渐完善和增强胃肠消化功能。

2. 治疗 兔一旦发病要立即停食，同时灌服植物油或石蜡油10～20毫升，使肠内容物软化通畅，加喂食醋30～50毫升，制止食物发酵，投喂萝卜汁10～20毫升，有助于气体排出，口服小苏打片和大黄片各1～2片。服药后使其运动，轻轻按摩腹部，必要时可皮下注射新斯的明注射液0.1～0.25毫克。

膨胀病

关键技术

诊断：有采食易发酵饲料的病史，流涎、呼吸困难、腹部胀满，轻扣腹部发出鼓音，有腹痛症状。

防治：禁喂酸败、冰冻、雨淋和带露水饲草饲料，饲喂青绿饲料要有规律，防止饥饱不均。治疗可灌服5%乳酸溶液3～5毫升，然后分别灌服植物油10～15毫升、萝卜汁10～20毫升。

兔由于采食了易发酵、膨胀的饲料，致使胃肠鼓气、膨胀，严重时可导致死亡。

（一）诊断要点

1. 病因学调查　采食了容易发酵和膨胀的饲料，如麸皮、含露水的豆科饲料、雨淋的青草、腐烂的饲草、饲料，以及由饲喂干草突然改喂青绿饲料，喂食饲草、饲料没有规律、饥饱不均、发病前患有肠便秘等均可导致本病的发生。

2. 症状和病变　临诊表现为拒食、流涎、伏卧不安、呼吸困难、腹部胀满，胃肠充满大量的气体，轻扣腹部发出鼓音，有腹痛症状，时常改变蹲伏位置，严重时几小时内可窒息或导致胃破裂死亡，一般2～3天死亡。

剖检可见胃肠充满大量的气体。如是胃破裂死亡，可见胃局部有破口及进入腹腔内的污物。

（二）防治

1. 预防　更换干、青饲草时要逐渐过渡，被雨淋和带露水的草，要待晾干后再喂，禁喂酸败、冰冻饲草、饲料，喂食要有规律，防止饥饱不均。发生此病时禁喂青绿饲料，待病情康复后逐渐饲喂。

2. 治疗　首先要止酵，可灌服5%乳酸溶液3～5毫升，其次，可灌服植物油10～15毫升，达到润滑通便的作用，用萝卜汁10～20毫升灌服，促进肠道内气体排出。

腹泻

关键技术

诊断： 非感染性腹泻病兔排稀软、粥样或水样便，感染性腹泻病兔排便频繁且粪便稀薄带黏液，甚至带脓血的水样便。严重时病兔脱水、消瘦、拒食，直至衰竭死亡。

防治： 保持环境、用具等的清洁卫生及舍温恒定，子兔渐进性断奶，定期消毒。治疗非感染性腹泻，植物油10毫升内服排除污物，然后灌服大蒜酊5～10毫升；感染性腹泻，庆大霉素每次4万单位，每日2次，口服或肌肉注射。

腹泻又称"拉稀"，是指由于各种原因导致兔以排稀软、糊状或水样便为主要特征的一类疾病的总称。

（一）诊断要点

1. 病因学调查 引起腹泻的原因很多，但大致可分为两类，非感染性和感染性致病因素。

（1）非感染性致病因素：气候的突然变化、环境改变等外界环境的刺激、长途运输所致的疲劳等致使兔神经系统和内分泌系统的生理机能受到影响，整体抵抗力下降，肠道机能紊乱可引起腹泻。兔舍潮湿、温度过低、腹部受凉，使肠道痉挛，机能紊乱而引起腹泻。饲料不洁、霉变、酸败、含露水过多、冰冻、品质低劣、不易消化、药物和毒物中毒等理化和生物因素直接作用于肠道引起消化机能紊乱也可引起腹泻。突然更换饲料品种、饲喂不定时定量、食精料过多粗纤维过少、子兔突然断乳等致使肠道生理机能不能及时发生适应性的改变，从而导致肠道机能紊乱引起腹泻。

非感染性腹泻可导致肠道微生物平衡紊乱、机体抵抗力降低，使病原微生物发挥致病作用而转变成感染性腹泻。

（2）感染性致病因素：某些传染病（副伤寒、肠结核等）、寄生虫病（球虫病等）的病原及其代谢所产生的毒素对肠道的机械性和化学性损伤，这些毒素对肠道正常生理生化机能的影响等可导致腹泻。

2. 症状和病变 非感染性腹泻，全身症状轻，排便次数少，排稀软便、粥样或水样便，如消化不良所致的腹泻可见粪便稀，其中有消化不完全的草料。便中无脓血，初始时一般精神状态正常。

感染性腹泻，发病兔精神倦怠、采食减少、被毛无光、不愿运动、体温升高，排便频繁且粪便稀薄带黏液，甚至带脓血的水样便，有腐败的酸臭味，后躯多被粪便污染，随着病程的发展，病兔脱水、消瘦、拒食，直至衰竭死亡。

剖检可见非感染性腹泻肠黏膜无明显病理变化，或轻度黏膜水肿；感染性腹泻，肠黏膜发生糜烂、充血、水肿或有坏死灶，同时伴有相应疾病其他的特征与非特征性病理变化。

（二）防治

1. 预防 加强饲养管理，保持兔舍清洁、干燥、温度恒定，通风应良好，料槽要定期刷洗消毒，保持饲料的新鲜清洁，饮用水应干净卫生，定期更换垫草。幼兔的断乳应逐渐进行，不可突然断乳，以免造成肠道应激而致消化不良性腹泻，同时要做到定食定量饲喂，防止过饥或过饱，使家兔有个适应过程。不喂发霉变质饲料。

平时也可定期使用一些药物或其他制剂，如活菌制剂、抗生素、磺胺类药、抗球虫药物等，均按说明使用，能有效地控制和预防腹泻的发生，如市场上常见的益生素、大黄苏打片、球痢灵、磺胺咪、土霉素、庆大霉素、氟哌酸等，均可降低兔腹泻病的发病率。

2. 治疗 针对不同的病因、症状进行确诊、及时治疗。对非感染性腹泻的治疗，首先应清理肠道，可选用硫酸钠或人工盐 2～3 克加水 40～50 毫升，1 次内服，或植物油 10～20 毫升内服；然后调整胃肠功能，可服用各种健胃剂，如健胃散可按说明使用，大蒜酊 5～10 毫升。对幼兔也可应用谷维素，每次 10 毫克，每日 3 次。乳酶生，每次 0.2 克，每日 3 次内服。益生素可按说明使用。

对感染性腹泻的治疗，应以杀菌消炎，收敛止泻，维护全身机能为治疗原则。内服磺胺类药物，如磺胺咪，初次量按每千克体重 0.14 克，维持量每千克体重 0.07 克，每天 2 次，连服 3 天。或使用抗生素，如新霉素，按每千克体重 4 000～8 000 单位，肌肉注射，每天 2～4 次，连用 3 天。庆大霉素，每次 4 万单位，每日 2 次，口服或肌肉注射。此外，也可使用黄连素、土霉素、氟哌酸等肠道消炎药，用法与用量均可参照说明使用。

对水样泻不止者，可服鞣酸蛋白 0.25 克，每天 2 次，连服 1～2 天；或活性炭每次 5～10 克，每天 1 次内服；矽炭银，每次 1 片，每日 2～3次。同时配合抗菌针剂如庆大霉素等口服或注射治疗，每千克体重 2 万单位。

此外，要进行对症治疗，如脱水严重者，可静脉注射葡萄糖盐水或 5%葡萄糖 15～30 毫升；心脏衰弱者，使用 20%安钠咖 1 毫升，每天 1～2 次，连用 2～3 天；肠膨胀者可用胃复安、吗丁琳等药物治疗。

便秘

关键技术 ─────────────

诊断：排粪量减少，粪便细小而坚硬，不断做排粪姿势，但无粪便排出，腹部膨胀，触诊腹部有痛感，剖检可见结肠和直肠内充满过量干硬颗粒状粪便。

防治：定时定量饲喂，适当多喂青绿饲料，饮水充足，草料、饲槽要清洁无污物。对病兔可用植物油10～20毫升1次灌服；必要时可用40℃的温肥皂水灌肠。补液可静脉注射5%葡萄糖15～30毫升。

本病是由于肠运动和分泌机能紊乱，内容物停滞而使粪便在肠腔内变干变硬，造成肠腔阻塞的一种腹痛性疾病。

（一）诊断要点

1.病因学调查　长期饲喂干硬难于消化的饲料如精料、干草等过多，而青绿饲料过少，同时又饮水不足；饲料不洁、混有大量异物，如饲料中混有泥沙、被毛等异物不能消化，致使肠道不通畅、粪块变大；突然改变饲料，肠道不适应；环境突然改变，运动不足，打乱正常排便习惯；继发于其他疾病如热性病、慢性胃肠疾病等。以上多种因素均可能导致肠内容物停滞、变干、变硬，致使排粪困难，发生便秘。严重时可造成肠阻塞。

2.症状和病变　兔发病初期采食减少、饮水增加，排粪量减少，粪便细小而坚硬，继之不食，肠音减弱或消失，经常做排粪姿势，只排出少量带黏液的粪球或无粪便排出，时日稍长可见腹部膨胀、起卧不安，触诊腹部有痛感，可摸到坚硬的粪块。剖检可见结肠和直肠内充满过量干硬颗粒状粪便。

（二）防治

1.预防　合理搭配精、粗、青绿饲料，饲喂要定食定量，防止贪食过多，饮水供应要充足，要有适当大小的运动场地以增加运动，保持料槽的清洁卫生，及时清除料槽内泥沙、被毛等异物。

2.治疗　发病初期可适当加喂青绿多汁饲料，待粪便变软后再减少饲喂量。对重病兔要立即停止饲喂，增加饮水量，用手轻轻按摩兔的腹部，促进胃肠道及其内容物的运动，同时采取疏通导泻、镇痛减压、补液强心的治疗原则使用药物进行治疗。

促进胃肠蠕动，增加肠腺的分泌，软化粪便，可用硫酸钠2～8克或人工盐10～15克加温水适量，1次灌服；或石蜡油或蓖麻油10～20毫升1次灌服；必要时可使用温水灌肠，促进粪便排出，操作方法是：用粗细适中的橡皮管或软塑料管，事先涂上石蜡油或植物油，缓慢插入肛门内3～8厘米，灌入40℃左右的温肥皂水或2%碳酸氢钠液。

腹痛不安时，可肌肉注射20%安乃近注射液1毫升。同时结合补液、强心等全身疗法，可静脉注射葡萄糖盐水或5%葡萄糖15～30毫升。

心脏衰弱者，使用20%安钠咖1毫升，根据病情可每天1～2次，用药1～3天。

毛球病

关键技术

诊断： 食欲不振，好伏卧，饮水量增加，粪便中混有兔毛，大便秘结，严重时胃肠阻塞，导致胃扩张或肠梗阻，剖检可见阻塞的毛球。

　　防治：增加富含无机盐和维生素的青绿饲料，饲养密度要适当，及时清理饲槽和周围环境内的兔毛，及时除治体外寄生虫。病兔可灌服植物油，每次15～30毫升。饲养价值较大的病兔可采取外科手术取出毛球，喂易消化饲料。如食欲不佳，可喂健胃散等药物，辅以抗生素，防止继发感染。

　　本病是指家兔食入过多的兔毛与胃内容物混合形成毛球而滞留于胃肠道内的一种疾病，又称毛团病，多见于长毛兔。

（一）诊断要点

　　1. 病因学调查　饲料营养不全，缺乏钙、钠、铁等的无机盐及维生素和某些氨基酸，使兔的味觉失常而发生相互咬毛或食毛的现象，即而发病；兔笼窄小、饲养密度过大，相互拥挤而啃咬，久之则形成食毛癖。长毛兔因其被毛较其他兔脱落量要大，尤其是脱落在饲料及垫草中的被毛，未及时清理，容易被兔随草料一起吞下而发病；患有某些外寄生虫病，如疥螨、痒螨、毛虱等，致使皮肤瘙痒，兔持续性啃咬，口内的部分被毛随吞咽而进入胃内引发此病。

　　2. 症状和病变　病兔食欲不振或不食、精神沉郁、好伏卧、饮水量增加、大便秘结，粪便中混有兔毛，随着吞食毛量的逐渐增多而病情加重，如在短时间内吞食大量被毛，可在胃肠内与其内容物，尤其是未消化完全的饲料纤维缠结在一起形成毛球，越来越大而阻塞胃肠道，在胃内可导致胃扩张，在小肠内可造成肠梗塞，如不及时治疗可引起死亡。

（二）防治

　　1. 预防　加强饲养管理，适量增加富含无机盐和维生素的青绿饲料。兔笼要宽敞，不要过于拥挤，及时清理饲槽和周围环境内的兔毛，保持清洁卫生。发现有食毛癖的兔要单独饲养，及时除治体外寄生虫。

　　2. 治疗　为排除毛球可灌服植物油（如豆油、花生油等），每次15～30毫升，也可内服石蜡油15～20毫升，以促进毛球的排出。如不能排出，对那些饲养价值较大的病兔可采取外科手术，从胃或小肠取出毛球，排出或取出毛球后的病兔，在1～2天内应喂以容易消化的饲料，如食欲不佳，可喂以健胃散或橘子皮等有健胃作用的药物，同时用抗生素防止继发感染，如用庆大霉素，每千克体重1万～2万单位，每天2次，用2～3天。

感冒

关键技术

诊断：精神沉郁、食欲减退，畏寒怕冷，眼多眵、羞明流泪、结膜潮红，轻度喷嚏、流水样鼻汁，体温升高。

防治：做好寒冷季节的防寒保暖工作，防止突然的风吹雨淋。发病时抗菌消炎、解热镇痛，庆大霉素注射液4万单位，安乃近注射液1～2毫升，肌肉注射，每天2次，连用3天。

感冒又称伤风，是由于寒冷作用引起兔的以上呼吸道黏膜表层炎症为主的一种急性的全身性疾病。若治疗不及时，很容易继发支气管炎和肺炎。本病一年四季都可发生，风寒型多见于秋冬两季，风热型多见于春夏季节。

（一）诊断要点

1.病因学调查　天气过于寒冷、兔舍遮蔽不严透风使兔直接受风寒袭击；突然风吹雨淋；气候异常，忽冷忽热，早晚温差过大；营养不良、长途运输等。以上因素均可能使兔机体发生应激反应或过度疲劳、体质下降，抵抗力降低，尤其是上呼吸道黏膜防御机能减弱，使上呼吸道黏膜上的常在菌大量繁殖而引起发病。

2.症状和病变　有受以上病因侵袭的病史，并突然发病，病兔精神沉郁、食欲减退或不食，畏寒怕冷，不爱活动，眼半闭、多眵、羞明流泪、结膜潮红，有轻度打喷嚏、流水样鼻汁症状，体温升高，若不及时治疗，易继发支气管肺炎而出现呼吸困难等症状。

（二）防治

1.预防　加强饲养管理，增强兔机体抵抗力。在气候寒冷和气温骤变的季节，要加强防寒保暖工作，兔舍应保持干爽、清洁、通风良好，防止剧烈运动后风吹雨淋。需要更换场地或长途运输时，要选择风和日丽且凉爽的晴天，以免疲劳后受风寒袭击而引发本病。

2. 治疗 可采用下列方法之一进行治疗。

复方氨基比林注射液，肌肉注射 2 毫升，每日 2 次，同时灌服复方新诺明或土霉素，每次 1 片，每日 2 次。

庆大霉素注射液 4 万单位，安乃近注射液 1 ~ 2 毫升，肌肉注射，每天 2 次，连用 3 天。

青霉素 5 万 ~ 10 万单位，安痛定注射液 1 毫升，肌肉注射，每天 2 次，连用 3 天。

柴胡注射液 1 毫升，庆大霉素注射液 4 万单位，肌肉注射，每天 2 次，连用 3 天。

银翘解毒片，每次灌服 2 片，维生素 C 片，每次灌服 1 片，均每日 3 次。

支气管炎

关键技术

诊断：鼻液呈浆液性或黏液脓性分泌物，呼吸困难，喷嚏，胸部听诊有罗音。

防治：饲喂营养丰富、易消化、适口性强的饲料，增强体质和抗病能力。避免寒冷、温热、雨淋的突然侵袭。治疗用柴胡注射液 1 毫升、庆大霉素注射液 4 万单位，肌肉注射，均每天 2 次，连用 3 天。喷嚏频繁时可用咳必清，每次 12 ~ 22 毫克，每天 3 次内服，连用 3 天；痰多时可用氯化铵，每次 0.15 ~ 0.3 克，每天 3 次内服，连用 3 ~ 5 天。

本病是由于理化和生物学因素的刺激造成的支气管黏膜的急、慢性炎症，春秋季节易发。

（一）诊断要点

1. 病因学调查 寒冷刺激及其他物理和化学因素刺激是原发性支气管炎的主要病因。寒冷的直接刺激可降低呼吸道黏膜的防御能力，使呼吸道内的多种常在菌如肺炎球菌、巴氏杆菌、葡萄球菌、链球菌等得以大量繁殖而产生致病作用，引起急性支气管炎。而当吸入了粉碎的饲料、飞扬的烟尘、霉菌孢子、花粉、有毒气体或发生误咽等物理、化学、生物等因素的刺激后均可引起支气管黏膜的炎症。

另外，饲养管理不当，维生素 A 缺乏也可诱发本病；长期感冒不愈可继发本病。本病长期不愈会波及肺脏而继发支气管肺炎或肺炎。

2. 症状和病变　发病初期表现为急性支气管炎的特征，如干短而带痛的类似咳嗽的喷嚏，病兔精神沉郁，食欲减退，体温稍升高，后期随炎性渗出物的增加而变为湿性长咳。由于支气管黏膜的充血肿胀，分泌增加，使管腔变窄而发生呼吸困难。鼻液由初期的浆液性逐渐变为黏稠或脓性分泌物。

慢性支气管炎主要表现持续性喷嚏和类似咳嗽的症状，在剧烈运动、采食或气温较低时更为明显。

（二）防治

1. 预防　加强饲养管理，饲喂营养丰富、易消化、适口性强的饲料，增强体质和抗病能力。兔舍要向阳，通风良好，做到冬暖夏凉。在剧烈运动后，应防止风吹雨淋。气温骤变时，及时采取防寒保暖措施，避免寒冷突然袭击。

2. 治疗　可采取下列方法进行治疗。

首先要抑菌消炎，药物用法、用量同感冒。

其次要祛痰止咳，频频有类似咳嗽的症状而分泌物不多时，可先用镇痛止咳剂，常用的有磷酸可待因，按每千克体重 22 毫克，内服，每天 2 ~ 3 次，连用 2 ~ 3 天；或咳必清，每次 12 ~ 22 毫克，每天 3 次内服，连用 3 天。痰多时可用氯化铵，每次 0.15 ~ 0.3 克，每天 3 次内服，连用 3 ~ 5 天。体质较弱时，可静脉注射 5% 葡萄糖 15 ~ 30 毫升；心脏衰弱者，使用 20% 安钠咖 1 毫升，根据病情可每天 1 ~ 2 次，用药 1 ~ 3 天。

肺炎

关键技术 ————————————————————————

诊断：有寒热不均、环境恶劣的刺激和感冒、支气管炎或误咽异物的病史，体温迅速升高到 40℃ 以上，流浆液、黏液或脓性鼻液，喷嚏样咳嗽、喘气、呼吸急速，听诊肺部为湿性罗音，剖检可见肺表面有大小不等、灰黄色或深褐色斑点状肝样病变。

防治：灌服药物要仔细，避免投入气管内。其他详见感冒和支气管炎的防治。

由于异物进入肺内、感冒和呼吸道感染久治不愈等导致肺实质组织的炎症，涉及一个或全部肺小叶。本病的发生没有年龄限制，但多数病例见于 4～8 周龄的幼兔。

（一）诊断要点

1. 病因学调查 多是由于营养不良、气候骤变、寒热不均、贼风侵袭，以及恶劣的舍内环境如阴暗潮湿、通风不良、刺激性气体如氨气浓度过高等作用于呼吸道致使兔患感冒、气管炎、支气管炎等疾病，因不及时治疗、机体抵抗力降低、呼吸道各种微生物迅速繁殖且毒力增强，引发肺部炎症。常见的引起呼吸道和肺部炎症的病原菌有肺炎双球菌、葡萄球菌、巴氏杆菌、波氏杆菌等。另外，误咽或灌药时使药液误入气管，可引起异物性肺炎。

2. 症状和病变 体温迅速升高到 40 C° 以上，精神沉郁，不愿运动，食欲减退或不食，粪便干小，口鼻呈青紫色，流浆液性、黏液性或脓性鼻液，呼吸极度困难，表现为喘气、喷嚏样咳嗽，呼吸疾速，并伴随呼吸发出喉鸣音，听诊肺部为湿性罗音。

剖检可见肺表面有大小不等、灰黄色或深褐色斑点状像肝样的病变，切开病变部，其内不含气体，发生实变，肺实质可能出现出血性变化，切开非肝样病变部位可见混浊带泡沫的浆液性脓性渗出物。胸膜、肺、心包膜上有纤维素附着物。也有的病兔胸腔内充满混浊的胸水。严重时，可见由纤维组织包围的脓肿。病程的后期常表现为脓肿或整个肺叶的空洞。喉头、气管及支气管内充满带泡沫的浆液性脓性渗出物，黏膜充血。

（二）防治

1. 预防 加强饲养管理，保持笼舍清洁卫生、通风、保暖、干燥、阳光充足，防止受寒及贼风侵袭。灌服药时要仔细，避免投入气管内。积极预防和治疗原发病，详见感冒和支气管炎的预防措施。

2. 治疗 可选用青霉素 5 万 ~ 10 万单位、链霉素 10 万 ~ 20 万单位，混合肌肉注射，每天 2 次，连用 3 ~ 5 天。

还可用庆大霉素，每次 1 万 ~ 4 万单位，肌肉注射，每天 2 次，连用 3 ~ 5 天；或卡那霉素，每千克体重 1 万 ~ 4 万单位肌肉注射，每天 2 次，连用 3 ~ 5 天；或强力霉素静脉注射（粉针剂，每支 0.1 克），每千克体重每天 2 ~ 4 毫克；或磺胺嘧啶钠口服（片剂，每片 0.5 克），首次量每千克体重 0.2 ~ 0.3 克，维持量减半，每天 2 次；或氟哌酸饮水，20 ~ 40 毫克／千克水混饮。

另外，用 0.1% 高锰酸钾水或 2% ~ 3% 硼酸水，洗鼻腔，也可用 1% 薄荷脑石蜡油滴鼻。体质较弱时，可静脉注射 5% 葡萄糖 15 ~ 30 毫升；心脏衰弱者，使用 20% 安钠咖 1 毫升，根据病情可每天 1 ~ 2 次，用药 1 ~ 3 天。

中耳炎

关键技术

诊断： 单侧性中耳炎时，病兔将头颈歪向患侧，两侧性中耳炎时，病兔低头伸颈，有渗出或化脓时可见耳内积有奶油状的白色脓性渗出物，若鼓膜破裂，脓性渗出物可流出外耳道。感染扩散到脑时可引起化脓性脑膜脑炎，出现癫痫发作样的神经症状。

防治： 加强饲养管理，定期消毒，积极防治原发性疾病。局部治疗可进行清疮并滴入红霉素药液，全身性治疗可混合肌肉注射链霉素10万单位、青霉素5万 ~ 10万单位。

耳内鼓室及耳管的炎症称为中耳炎。

（一）诊断要点

1. 病因学调查 由于机械性损伤和物理性震动、噪音等导致鼓膜穿孔，寄生虫寄生、创伤感染等引起的外耳道炎症，感冒、流感、传染性鼻炎或化脓性结膜炎等继发感染，均可引起中耳炎。感染的细菌一般为多杀性巴氏杆菌，可成为兔群巴氏杆菌病的传染来源。多发生于青年兔及成年兔，子兔少见。

2.症状和病变 单侧性中耳炎时，病兔将头颈歪向患侧，使患耳朝下，有时出现转圈、滚转运动，故又称"斜颈病"。两侧性中耳炎时，病兔低头伸颈。化脓时，体温升高，精神不振，食欲不好。脓汁潴留时，听觉迟钝。鼓室内壁充血变红，积有奶油状的白色脓性渗出物，若鼓膜破裂，脓性渗出物可流出外耳道。感染可扩散到脑，引起化脓性脑膜脑炎，可出现癫痫发作样的神经症状。本病多表现为慢性经过，可以长达几个月甚至1年以上。

（二）防治

1.预防 主要是加强饲养管理，定期消毒，保持环境的清洁卫生，及时预防和治疗兔的外耳道炎症、流感、鼻炎、结膜炎等疾病（见相关疾病的防治），建立无多杀性巴氏杆菌病的兔群。

2.治疗 局部可用消毒剂清洗，有渗出液或化脓时，可用棉球吸干，然后用棉球蘸取少量消毒液清洗，处理好后滴入适量抗生素药液如红霉素、庆大霉素或链霉素。有全身性症状时，可应用抗生素进行注射，如链霉素10万单位、青霉素5万～10万单位混合肌肉注射，或庆大霉素2万～5万单位肌肉注射，详见兔巴氏杆菌病和相关原发性疾病的治疗。对重症顽固难治的病兔应淘汰，以减少巴氏杆菌的传播机会。

中暑

关键技术

诊断： 长时间烈日直晒、潮湿闷热，体温升高至42℃以上，眼黏膜潮红、发绀，心跳增强、呼吸短促，流涎、吐泡沫样物。兴奋不安，沉郁、昏迷、倒地、四肢抽搐，最后多为窒息或心脏麻痹死亡。剖检可见肺水肿、脑高度充血、水肿。

防治： 防止夏季烈日暴晒，采取一切措施通风降温。发病时用浸冷水的毛巾逆毛向擦拭病兔头部和躯体部，用冷水灌肠降温，在耳静脉处适量放血或静脉注射20%甘露醇10～30毫升。症状缓解时，可肌注20%安钠咖1毫升，静脉注射5%葡萄糖10～30毫升。

中暑是日射病和热射病的统称。日射病是因夏季烈日暴晒，引起动物中枢神经发生急性病变，脑及脑膜充血，致使神经机能发生严重障碍；热射病是因环境潮湿闷热，兔的汗腺又极不发达，体表散热很慢，致使机体产生的热量不能正常地散失，导致全身过热而引起中枢神经机能紊乱。

（一）诊断要点

1. 病因学调查　盛夏酷暑，笼舍没有遮阳设备，致使烈日直射头部，导致神经系统机能障碍，发生日射病；气候炎热、潮湿，而密度大且拥挤、通风不良、封闭运输，致使机体过热发生热射病。

2. 症状和病变　在炎热夏季，气候潮湿、闷热或有过热、暴晒病史。病初精神不振、不食，体温升高可达 42℃以上，皮温高，可视黏膜潮红、发绀，心搏动增强、节律失常，呼吸急促、浅表、次数增加，流涎、吐沫，当病情进一步发展时则出现神经症状，先是兴奋不安，后变为沉郁、昏迷、倒地不起、四肢抽搐，口鼻内有白沫或粉红色泡沫，瞳孔先散大后缩小，最后多为窒息或心脏麻痹死亡。病程几小时至几十小时。剖检可见肺水肿，脑高度充血、水肿。

（二）防治

1. 预防　炎热季节要保持兔舍良好通风，空气新鲜、凉爽，温度过高时可喷水降温，兔舍要宽敞，密度适当，防止过于拥挤；露天兔场，要设凉棚，避免日光直射；要有充足的饮水；长途运输时最好选择凉爽的天气进行，否则要采取防暑降温措施，车内保持通风和充足的饮水，装运密度不宜过大。

2. 治疗　立即采取降温措施，将病兔置于阴凉通风处，用浸冷水的毛巾逆毛向擦拭病兔头部和躯体部，以促进体热散发，同时用冷水灌肠降温，为降低脑内压和缓解肺水肿，可在耳静脉处适量放血或静脉注射 20% 甘露醇或山梨醇 10 ~ 30 毫升。

当体温下降、症状缓解时，可进行补液和强心，以维护全身机能，强心可皮下或肌注 20% 安钠咖 1 毫升，补液可静脉注射 5% 葡萄糖 10 ~ 30 毫升，或复方氯化钠溶液（氯化钠 9 克、氯化钾 0.3 克、氯化钙 0.33 克、蒸馏水 1 000 毫升）10 ~ 30 毫升。

维生素A缺乏症

关键技术

诊断：眼角膜混浊、角质化，甚至溃疡；被毛易断，皮肤表层形成麸皮样痂皮，兔机体瘦弱、生长发育受阻；种兔不易受孕，出现难产、流产、死胎、畸形胎。

防治：经常喂以适量青绿饲料，对冬养兔、妊娠期和哺乳期的母兔和患肠道和肝脏疾病的兔，应注意补充维生素A。对患病兔使用维生素A制剂按说明使用，早期治疗有效。也可口服鱼肝油丸，每天1次，每次1～2粒，连服5～7天。

维生素A为脂溶性维生素，又称抗干眼病维生素。本病是由于维生素A供应不足或吸收障碍而引起的一种以上皮细胞角化为特征的代谢性疾病，临诊上主要表现为生长发育不良、视觉障碍和器官黏膜损伤。

（一）诊断要点

1.病因学调查 冬春季节缺乏青绿饲料；青干草的过度日晒，黄玉米、胡萝卜、干草和营养性添加剂等贮存不当如时间过长、酸败、氧化等，使其中的维生素A或维生素A前体化合物（胡萝卜素）遭到破坏；饲料中缺乏维生素A而又不能及时补充；兔患有慢性肠道疾病和肝脏疾病，影响维生素A的转化吸收和贮存；维生素A在吸收和代谢过程中缺乏维生素E等抗氧化剂。以上各种因素均可引发本病。当维生素A严重缺乏时，患兔的眼睛就会出现明显的临诊症状。

2.症状和病变 维生素A缺乏最先出现的症状是夜盲症，即在阴暗的光线下见不到食物及障碍物，眼角膜混浊、增厚、角质化，甚或出现溃疡；病兔被毛蓬乱、无光、容易折断，皮肤表层形成麸皮样痂皮，兔机体瘦弱、生长发育受阻；母兔受胎率降低或不孕，怀孕母兔易发生早产、死产或产出体弱、畸形的胎儿，公兔性欲降低、睾丸萎缩、精子形成受阻、活力降低；其他脏器病变可表现为黏膜上皮角质化，可引起胃肠炎、肺炎和肾炎等疾病。

（二）防治

1. 预防　经常喂以适量青绿饲料，对冬季养的兔及妊娠期和哺乳期的母兔则应注意补充维生素 A，防止存储料草的霉变和酸败，不喂存放过久和变质的饲料，及时治疗肠道和肝脏疾病，并同时补加维生素 A，可防止本病的发生。维生素 A 的补给量，一般按每日每千克体重 250 单位以上补饲，也可按市售产品说明使用，但要注意添加量不可过多，以防中毒。

2. 治疗　市售的动物用维生素 A 或含维生素 A 的制剂很多，如鱼肝油丸、液体饮用鱼肝油、浓缩鱼肝油、水溶性鱼肝油粉、鱼肝油饲料预混剂、鱼肝油注射剂、维生素 A 粉剂等，用法和用量均可参照市售产品说明使用。一般鱼肝油制剂（含维生素 A、维生素 D，油制剂）口服，每只兔每次用量为 1 ~ 2 毫升，子兔减半，隔天 1 次，预防疗程为 15 ~ 20 天。

需要说明的是补给维生素 A 时，同时补加维生素 E 或其他抗氧化剂，可减少维生素 A 的破坏损失，防治本病效果会更好。

维生素 E 缺乏症

关键技术

诊断：种兔受胎率降低，发生流产或死胎；幼兔生长发育受阻，进行性肌无力，喜卧，步态不稳，食欲降低，体重减轻，骨骼肌、心肌出现白色条纹，横纹消失。

防治：不喂腐败变质饲料，注意添加适量青绿饲料，必要时在日粮中添加维生素E制剂和含硒制剂，发病时可按说明使用维生素E制剂和含硒制剂治疗，可肌肉注射维生素E制剂，每次1 000国际单位，每天2次，连用2~3天。

维生素 E 又称生育酚，脂溶性，是各种动物必须的维生素，供给不足、肝脏疾病以及饲料中不饱和脂肪酸过多或脂肪酸酸败，其中的任何一种情况均可导致维生素 E 缺乏，可能使动物出现生殖机能障碍、幼兔死亡率高、肌肉营养障碍等，称为维生素 E 缺乏症。

（一）诊断要点

1. 病因学调查 青绿饲料、豆科植物、发芽的谷粒中均含有大量的维生素E，故在正常饲喂条件下一般不会缺乏，但因维生素E具有还原性而极容易被氧化，当饲料长期储存、腐败变质或受到矿物质和不饱和脂肪酸的氧化时，维生素E的生物学活性降低或丧失，而引起维生素E缺乏。饲料中缺乏硒而又含有一些具有氧化性的物质时也易引起维生素E缺乏。各种疾病导致肝脏损害时也可引起维生素E利用障碍。

2. 症状和病变 维生素E缺乏会影响兔精子的形成和繁殖机能，以及出现肌肉营养不良，致使骨骼肌和心肌退化、白化、功能降低，幼兔生长发育不良等。

患兔缺乏维生素E时，主要症状是肌肉营养障碍，表现为肌肉营养性萎缩、进行性肌无力、喜卧而不爱运动、全身紧张性降低，出现运动障碍、平衡失调、步态不稳、有的病兔两前肢或四肢置于腹下；食欲降低或不食，体重减轻；最终导致骨骼肌、心肌变性，衰竭死亡。幼兔生长发育受阻，死亡率增加。

母兔缺乏维生素E时，可使受胎率降低，发生流产或死胎。公兔可导致睾丸实质组织变性、萎缩、精子生成障碍。

剖检可见骨骼肌、心肌退化，出现白色条纹，呈透明样变性，横纹消失。

（二）防治

1. 预防 防止饲料腐败变质，平时注意添加适量青绿饲料，如大麦芽、苜蓿等，或向饲料中添加植物油。及时治疗肝脏疾病，特别是肝球虫病。必要时可在日粮中添加市售的维生素E制剂，用法用量可按说明使用。维生素E和硒有协同作用，缺乏症及剖检病变相似，所以，为预防硒的缺乏，在补添维生素E时最好同时补加适量的硒，含硒制剂的市售产品较多，可按说明选择使用。

2. 治疗 确诊为维生素E缺乏症时，按每千克体重0.32～0.4毫克的剂量向日粮中添加维生素E，令兔自由采食。也可肌肉注射维生素E制剂，每次1 000国际单位，每天2次，连用2～3天。肌肉注射0.2%亚硒酸钠溶液1毫升，每隔3～5天注射1次，连用2～3次。

维生素 B_1 缺乏症

诊断：有长期饲喂腐败变质或含吡啶硫胺素饲料的病史。被毛粗乱、消化不良、食欲降低，运动失调、软弱瘫痪、痉挛抽搐、昏迷。

防治：防止饲料腐败变质。必要时可在每千克饲料中加硫胺素 $4 \sim 10$ 毫克，以预防维生素 B_1 缺乏症。发病兔肌肉注射 5% 维生素 B_1 注射液 $0.2 \sim 0.5$ 毫升，每天 1 次，连用 $3 \sim 5$ 天。

维生素 B_1 又称硫胺素，为水溶性维生素，供给不足时，机体出现代谢障碍和多发性神经炎症状即维生素 B_1 缺乏症。

（一）诊断要点

1. 病因学调查　兔肠道内的某些微生物可以合成维生素 B_1，微生物死亡后被机体分解利用，但不能满足兔机体代谢的需要，而兔粪便中含有一定量的维生素 B_1，一般兔在晚间能吞食自己的新鲜软粪，从中获得足够的维生素 B_1，所以，一般不会缺乏维生素 B_1。

如果兔缺乏吃自己新鲜粪便的本能，饲料中又缺乏或不含维生素 B_1，或饲料长期储存、腐败变质使这种维生素被破坏，同时饲料中又不补充维生素 B_1，就会造成维生素 B_1 缺乏症。

另外，饲喂含吡啶硫胺素的饲料（如蕨类植物蜈蚣草、芒草等），可拮抗肠道中维生素 B_1 的吸收；给兔长时间使用抗生素类药物，可使肠道微生物平衡遭到破坏，抑制了肠道内合成维生素 B_1 的细菌的生长，也会造成维生素 B_1 缺乏症。

2. 症状和病变　消化器官分泌机能低下，表现为食欲不振、便秘或腹泻。严重时出现泌尿功能障碍，发生渐进性水肿，最终可致神经系统受损，出现神经性皮炎、运动失调、软弱瘫痪、痉挛抽搐、昏迷等多发性神经炎症状，甚至衰竭死亡。

（二）防治

1. 预防　维生素 B_1 存在于所有植物性饲料内，特别是干燥的啤酒酵母、饲料酵母及谷物胚芽的含量都很丰富，在日粮中适当添加酵母、谷物等，可预防本病的发生。另外要保证饲料新鲜，防止饲料腐败变质，必要时可在每千克饲料中补加硫胺素 4 ~ 10 毫克，以预防维生素 B_1 缺乏症。

2. 治疗　发病兔可内服维生素 B_1 片，每次 1 ~ 2 片（每片含 10 毫克），或肌肉注射 5% 维生素 B_1 注射液 0.2 ~ 0.5 毫升，每天 1 次，连用 3 ~ 5 天。或用复合维生素 B 制剂口服，每次每只兔 10 ~ 20 毫克，每天 1 次，直至痊愈。

维生素 D 缺乏症

关键技术

　　诊断：幼兔生长缓慢，发育不良，肢体弯曲变形，骨端膨大，硬骨与软骨连接处肿大。一般精神和食欲正常。

　　防治：加强光照和适当的运动，保证饲料营养全价、平衡，适量补充维生素D，防治可选用鱼肝油制剂、AD钙片等，均按说明使用，饲料中添加1%~2%的骨粉效果更好。发生器质性病变的患病种兔可予以淘汰或转为肉用兔饲养。

　　维生素 D 缺乏症又称佝偻症，故此维生素又称抗佝偻病维生素，主要是由于维生素 D 缺乏，动物发生钙吸收和利用障碍，幼体动物表现为生长发育不良、骨骼发育畸形和容易骨折为特征的一种慢性代谢性疾病。

（一）诊断要点

1. **病因学调查**　根据发病原因，佝偻病有先天性和后天性之分。先天性佝偻病，主要是由于母兔怀孕期间料草内钙磷缺乏或比例不调或吸收障碍、维生素 D 缺乏、孕兔缺乏光照等使母体钙磷代谢障碍而导致胎儿骨组织发育不良。

　　佝偻病主要指的是后天性佝偻病，它的发生主要是由于缺乏光照、维生素 D 和蛋白质不足以及幼兔断乳过早、胃肠道疾病等导致钙磷吸收和利用障碍，从而使幼兔骨代谢障碍而发生佝偻病，饲料中钙磷缺乏或比例不当也是发生佝偻病的原因之一。

2. **症状和病变**　患病幼兔生长缓慢、发育不良，甚至停止发育，由于脊柱和四肢骨变形而使背部、四肢弯曲似弓状。骨骼与软骨连接处及长骨的两端（骨骺）膨大。肋骨与肋软骨结合处肿大，出现佝偻病特征性的病变即"骨串珠"。

（二）防治

1. **预防**　加强怀孕母兔、哺乳母兔和幼兔的饲养管理，加强光照和适当的运动，保证饲料营养全价、平衡，适量补充维生素 D，可使用鱼肝油预混剂，以确保钙磷的正常吸收和利用；饲料中的钙磷要充足，比例要适当，饲料中可添加 1%～2% 的骨粉。

2. **治疗**　对已经发生器质性病变的患病种兔可予以淘汰或转为肉用兔饲养，对症状较轻的病兔有必要治疗时，可每次每只兔内服鱼肝油 1～2 毫升，幼兔减半，每 1～2 天 1 次，配合内服磷酸钙 1.0 克，乳酸钙片 0.5～2.0 克，骨粉 2～3 克拌料混饲，连用 3～5 天。也可选用市售的其他维生素 D 制剂，如液体浓缩鱼肝油、水溶性粉剂鱼肝油、AD 钙片等，均可按说明选择使用，同时补加一定量的骨粉、乳酸钙等效果会更好。上面所述制剂均可作为预防用药。

软骨病

关键技术

诊断：饲料中缺乏维生素D、钙或钙磷比例不当，长时间喂给块根类饲料，曾患慢性肠道疾病。肢体骨骼肿大、弯曲、跛行。

防治：使用全价配合饲料，否则就要注意光照，适量补充维生素D制剂如AD₃添加剂、钙磷饲料如骨粉（添加1%～2%），发病时可口服AD钙片，每天1次，每次1～2片。发生器质性病变的患病种兔可以淘汰或转为肉用兔饲养。

软骨病指的是成年动物由于饲料中缺钙或钙磷比例不调、机体缺乏光照或料草中缺乏维生素 D、肠道疾病或饲喂拮抗钙磷吸收的饲料等各种原因致使动物对钙的吸收和利用发生障碍，主要表现为全身性骨质软化的一种慢性代谢性疾病。

（一）诊断要点

1. 病因学调查　有引起软骨病的病史。如维生素 D 摄入不足、光照不足，影响钙的吸收作用；长期饲喂贫钙饲料或饲料来源于土壤贫钙区或饲料中钙磷比例不调；长时间喂给单一的块根类饲料，因其富含草酸，可产生脱钙作用；长期患某些肠道疾病也会影响钙的吸收作用。怀孕和泌乳期的母兔，由于以上原因更易引起钙缺乏。

2. 症状和病变　病兔症状表现食欲减退，经常啃吃被粪尿污染的垫草、背毛，由于血钙不足而动用骨骼中的储备钙，致使骨骼软化、膨大、弯曲，易发生骨折。成年兔四肢骨肿大，走路跛行，而幼兔出现骨骼弯曲，最后导致肢体痉挛或麻痹。

（二）防治

1. 预防　最好使用配合饲料，如不使用配合饲料，就要在饲料中有计划地补加维生素 D、钙和磷，如维生素 D 制剂、骨粉、蛋壳粉、石粉、贝壳粉或市售钙制剂等，同时要注意增加光照，以增加体内维生素 D 的合成。对笼养兔、妊娠和哺乳期的母兔更要注意这些预防措施。

2. 治疗　可给病兔口服钙片，每天 1 次 1 片，或 AD 钙片，每天 1 次 1 ~ 2 片。也可静脉注射 10% 葡萄糖酸钙注射液，按每千克体重 0.5 ~ 1.5 毫升，每天 1 ~ 2 次，连用 5 ~ 7 天。大群可在饲料中补加入骨粉，添加量为 1% ~ 3%。发生器质性病变的患病种兔可予以淘汰或转为肉用兔饲养。

磷缺乏症

关键技术

诊断：饲喂非配合饲料，或饲料中钙磷比例不调，表现面骨和长骨端部肿大，幼龄兔骨骼变形。

防治：配制饲料时，保证其中钙磷比例为 2 ∶ 1，发病时可服用磷酸钙每日 1 次 1 ~ 2 克、液体鱼肝油每日 1 次 1 ~ 2 毫升。

由于饲料中缺乏磷或钙磷比例不调影响磷的吸收和利用，导致兔出现相应症状的疾病，即磷缺乏症。磷与钙在机体内的代谢有密切的联系，二者均与骨骼代谢有关，故磷缺乏症与钙缺乏症类似。磷还参与其他物质的代谢。

（一）诊断要点

1. 病因学调查　饲喂的不是配合饲料，饲料中钙磷比例不适影响磷的吸收和利用，或饲料中所含磷不能满足兔对磷的需求，尤其是生长发育期的幼兔、妊娠或哺乳期的母兔的需要。

2. 症状和病变　兔表现出一定的缺乏症，生长发育不良，体重减轻，面骨和长骨端部肿大，幼龄兔骨骼变形，与钙缺乏症类似。

（二）防治

保证饲料中钙与磷的含量，并有合理的比例，最好使用配合饲料，可自己配制，饲料中可添加 1% ~ 2% 的骨粉，最好使饲料中的钙磷比例为 2 ∶ 1，以磷占饲料总量的 0.5% 为宜，同时适当补充维生素 D，对已发病的家兔可服用磷酸钙每日 1 次 1 ~ 2 克、液体鱼肝油每日 1 次 1 ~ 2 毫升。

钠缺乏症

关键技术

　　诊断：有饲料中长期没有补充食盐的病史，被毛粗乱，精神不振，异食癖，局部肌肉颤动，共济失调。

　　防治：配制饲料时可加入食盐，含量为 0.3% ~ 0.4%，可防治钠缺乏症。

由于植物性饲料中普遍缺钠，配制饲料时又不注意补充钠，即可表现出相应的临诊症状，称为钠缺乏症。

（一）诊断要点

饲喂或不饲喂配合饲料时长期没有补充钠，出现食欲降低、精神不振、被毛粗乱，继而出现异食癖，严重时病兔肢体肌肉痉挛，共济失调，心律不齐，可因心力衰竭而死亡。

（二）防治

配制饲料时可加入食盐，含量为 0.3% ~ 0.4%，可有效地防止本病的发生，但不可过多，以防食盐摄取过多导致中毒。

癫痫

关键技术

　　诊断：患兔突然倒地，四肢强直痉挛，瞳孔散大，牙关紧闭，口吐白沫，呼吸暂停而后短促，排尿、排粪失禁，短时间后症状便自行缓解。

　　防治：预防和及时治疗继发性癫痫原发病，发现病兔予以淘汰；必要时进行对症治疗和原发病的治疗，尽量减少对癫痫病患兔的刺激。

癫痫是先天性或其他因素侵袭脑组织造成脑功能异常，使动物出现周期性意识障碍、阵发性与强直性肌肉痉挛为特征的疾病。

（一）诊断要点

1. 病因学调查　癫痫按其原因可分为真性癫痫和症状性癫痫。真性癫痫又称为原发性癫痫，多与遗传因素有关，属于先天性脑功能异常，大脑无器质性变化，当遇到外界刺激时就可能发病。症状性癫痫又称继发性癫痫，如患某些传染病、脑内寄生虫病和脑部肿瘤等，病原及其所分泌毒素的作用导致脑部组织损伤而引发癫痫，低血糖、尿毒症、外耳道炎、电解质失调以及某些中毒性疾病也可继发癫痫。

2. 症状和病变　症状出现突然，表现为患兔突然倒地，四肢强直痉挛，瞳孔散大，牙关紧闭，口吐白沫，呼吸短暂停止，又转入呼吸短促，排尿、排粪失禁，全部过程大约持续 0.5 分钟或数分钟，各种症状便自行缓解。继发性癫痫除有上述症状外，还表现有原发病相应的症状。本病的病程较长，不定期地反复发作，次数不断增加，发作时间也逐渐延长，多预后不良。

（二）防治

1. **预防** 注意预防和及时治疗继发性癫痫原发病，降低癫痫病的发病率；对先天性癫痫病患兔，要保持环境安静，减少应激反应。

2. **治疗** 对继发性癫痫患兔，首先要确诊其原发病，由具有传染性疾病继发的癫痫病患兔，一经发现要淘汰、捕杀；非传染性疾病继发性癫痫病患兔，包括先天性癫痫病患兔，无论是种用还是商品用，由于不定期的频繁发病影响其正常活动、采食和生长发育，故一般应予以淘汰。有必要治疗时，可采取对症治疗，镇痉可口服三溴合剂或静脉注射安溴注射液，同时注意对继发性癫痫原发病的治疗。

吞食子兔症

关键技术

> **诊断**：发现被咬食的子兔，又确定不是老鼠等其他动物咬食时，即可确诊。

> **防治**：单独饲养孕兔，笼舍和产子窝要清洁卫生，料草、饮水要充足，营养全价，防止惊吓，不随意抓捕子兔，积极防治乳房炎，及时淘汰病兔。

母兔分娩后，将子兔咬伤、咬死，甚至餐食的病态现象，称为吞食子兔病，病因复杂，要针对不同原因进行防治。

（一）诊断要点

1. **病因学调查** 母兔分娩后其腹部空虚，感到十分饥渴，而分娩前又没有准备好草料和饮水，常发生母兔吞食子兔现象。

分娩期间或分娩后，母兔受到突然惊吓而咬食子兔；分娩时出现死胎，母兔会将其吞食，形成异食癖。

饲料中缺乏维生素和矿物质，母兔瘦弱，营养不良，平时的饲喂时间和饲喂量缺乏规律性，经常饥饱不均，会导致母兔咬食子兔。

兔嗅觉十分灵敏，主要依靠嗅觉来检查和识别自己的小兔，如果在产子箱中的垫草发霉变质，或用的是陈旧棉絮，闷热潮湿时会发出异味，或分娩后随意抓捕子兔后，母兔就会嗅出异味来，会误认为是其他母兔的子兔，而将子兔咬伤、咬死，甚至吞食；怀孕母兔与其他兔混笼饲养，因挤压、相互撕咬造成流产，或因其子兔被别的兔接触或踩踏后，母兔不喂奶，甚至咬伤、咬死子兔。

在哺乳期间，母兔乳头或乳房发生了炎症，出现红肿热痛或化脓，在哺乳时，由于子兔吸吮，母兔疼痛难忍，将子兔咬伤、咬死或吞食；由于多次咬食子兔而形成恶癖，见到子兔便咬食，所以尽管做好了各种准备，也会出现吞食子兔行为。

2. 病症和病变 发现被咬食的子兔，又确定不是老鼠等其他动物咬食时，即可确诊。

（二）防治

成年母兔特别是怀孕母兔，必须单笼饲养，保持笼舍通风、向阳、干燥，防止混养相互挤压、撕咬导致流产、吞食子兔等。加强怀孕母兔的饲养管理，供给数量充足、营养全价的饲料日粮，特别是分娩前要保证有充足、新鲜清洁的料草和饮水，让母兔自由采食和饮用。

不要轻易抓捕子兔，如果必须抓捕子兔时，需将手洗干净，尤其是在寄养哺乳时，将子兔放回原笼或寄母笼后，需要守护几分钟，让被抓捕的子兔与原笼中其他子兔混合一会儿，使它身上气味和其他子兔一样后，再让母兔接触；产子箱中铺垫的褥草要清洁、卫生、干净、柔软，不要垫穿用过的旧棉花和有异味的其他东西。

保持安静的环境，不要轻易抓捕，严禁在兔笼舍附近燃放鞭炮，防止母兔受到惊吓，防止猫、狗、老鼠进入兔舍。

对有吞食子兔恶癖的母兔要淘汰，而品质非常优良还不想淘汰掉的母兔，在分娩后，要进行母子分离饲养，在哺乳时进行人工监护，待哺完乳后，再将母子分开管理。

积极预防和治疗母兔乳房炎，对一旦发生了乳房炎的哺乳母兔，要中止其哺乳，将子兔进行人工哺乳或寄养给其他母兔。如怕费事或无寄养条件，母兔乳房炎又不太严重时，可将发炎的乳头用胶布贴住，阻止子兔吸吮。对母兔乳房炎可以用抗菌药物治疗。

异食癖

关键技术

　　诊断：发现兔啃咬舔食笼具、食槽、水槽、泥土、砖瓦、煤渣，啃咬其他兔的被毛以及自身被毛可确诊。

　　防治：饲养密度要合理，营养全价、平衡，定时定量饲喂，定期驱虫，发现病兔可针对病因治疗。

　　兔采食、舔食或啃咬饲草、饲料以外物品的习惯，称为异食癖。

（一）诊断要点

　　1.病因学调查　饲料营养不全或不平衡，尤其是缺乏维生素和矿物质时，易引起异食癖；饲养密度过大，饲料和饮水不足等造成抢食、相互拥挤、撕咬、营养不良；温度过高、通风不良、潮湿闷热、空气污浊又缺乏饮水等致使兔啃食异物、相互撕咬；舍内光照过强刺激，使兔兴奋不安而撕咬异物；还可继发于腹泻、消化不良、肠道寄生虫病等。

　　2.症状和病变　全身症状不明显。病兔啃咬舔食笼具、食槽、水槽、墙壁、砖瓦、土块、煤渣，啃咬其他兔的被毛以及自身被毛，严重者还会出现餐食子兔现象，导致吞食子兔症。继发性异食癖还可表现出相应的原发病症状，如营养缺乏，可见相应的营养缺乏的症状；寄生虫病可检查到寄生虫等。

（二）防治

　　1.预防　笼舍要宽敞清洁，注意通风透光，饲养密度要合理；定时定量饲喂，饮水要清洁充足，饲料品种要多样化，配制营养全价、平衡的饲料，适量饲喂青绿饲料，根据需要适当补充氨基酸、维生素及微量元素等；定期驱虫。

　　2.治疗　如发生异食癖，首先要分析致病原因，根据发病原因制定相应的治疗措施；如缺乏微量元素，可进行补充；如是环境不好、密度过大，要立刻清理调整；寄生虫所致时要及时驱虫；发生吞食子兔症时，还应将新生子兔取出寄养或分开饲养定时送回哺乳。

脱毛症

关键技术

　　诊断：患部总像刚剪过毛的一样，即使长出了新毛也会折断，脱毛部位以大腿两侧、额部、背部较为多见；药物治疗无效。

　　防治：保持环境和兔体的清洁卫生；饲喂含硫氨基酸和维生素A较丰富的青绿饲料。兔患本病时，可在患处擦一次煤油，经一周左右毛根自行脱落，长出新毛。

　　脱毛症是指脱毛部位就像刚剪过毛的秃面，又像生了疥癣，因此本病又俗称为剪毛癣，该病广泛流行在毛用兔养殖区。

（一）诊断要点

　　1.病因学调查　病因不够清楚，一般认为是由于多次剪毛而长期不拔毛根，毛根处脏污，使毛根的毛乳头细胞组织代谢发生障碍，影响营养物质的输送，致使毛干生长受阻。

　　2.症状和病变　剪过毛的区域一直留着毛根而不长新毛，总像刚剪过毛的一样，有的即使长出了新毛，也会折断，就像用刀剪过一样，脱毛部位以大腿两侧、额部、背部较为多见，严重时患兔整个背部几乎寸毛不长，灰黄霉素、敌百虫等药物治疗无效；一般大兔比小兔发病率高，夏季比冬季多见。病兔的精神、食欲、体温、粪便多正常。

（二）防治

　　保持环境和兔体的清洁卫生；饲喂含硫氨基酸和维生素A较丰富的青绿饲料，如禾本科牧草、紫云英、苜蓿、胡萝卜等，以保证兔毛生长必需的营养成分；剪毛后进行清污梳理；有资料报道，兔患本病时，把病兔身上的毛根拔光，10天以后就长出新毛，后期兔毛长势旺盛，而且光亮粗爽，不易缠结，多数是高档毛；也可在患部擦一次煤油，经一星期左右，毛根自行脱落，也能长出新毛。

六、兔的外科病

外伤

关键技术

诊断：创口出血或化脓、结脓痂。

防治：清除活动区内的锐利物，不同性别、日龄的兔应分笼饲养。小伤可涂2%～5%碘酊；大伤口，应剪除伤口部位的毛，用0.1%新洁尔灭反复洗净创口，撒布磺胺粉，然后包扎或缝合，最后涂2%～5%碘酊。化脓创，剪毛去污，用3%双氧水冲洗创面，排出脓汁，创内涂抹金霉素软膏，夏季可敷一薄层纱布以防蝇的舔食，冬季则要用药棉和纱布一起包扎以防冻伤不易愈合。

由于机械作用引起皮肤和黏膜的损伤，如笼舍或其他锐利物的刺伤、划伤，兔之间或其他动物的咬伤及剪毛时的误伤等，均称外伤。

（一）诊断要点

外伤可分为新鲜创和化脓创。新鲜创，可见裂开的创口、出血、疼痛。化脓创，可见创口流脓或形成结痂，患部疼痛、肿胀，局部增温。由于创口感染、化脓，有时可引起体温升高，炎症消退后，创内出现肉芽，良好肉芽为红色、平整、颗粒均匀、较坚实，表面有少量灰白色脓性分泌物。

（二）防治

1.预防 消除笼舍内和活动场地内的锐利物，笼内密度不宜太大，公、母兔及不同日龄的兔应分笼饲养，防止猫、犬的骚扰，剪毛时防止人为外伤，注射时要对器械和注射部位消毒以防感染，某些不易吸收和有刺激性的药物不要皮下或肌肉注射使用，以免引起局部组织炎症反应和溃烂。

2.治疗 对小而浅的外伤，可涂 2% ~ 5% 碘酊；大而深的伤口，应剪毛去污，用生理盐水或 0.1% 新洁尔灭反复洗净创口，并用纱布吸干再撒布磺胺粉或粉针剂青霉素、链霉素粉（2 : 1）适量，然后包扎或缝合，最后涂 2% ~ 5% 碘酊。

化脓创，剪毛去污，用 0.1% 高锰酸钾、3% 双氧水或 0.1% 新洁尔灭液等冲洗创面，除去异物或坏死组织，排出脓汁，创内涂抹松碘流膏、金霉素软膏或磺胺软膏，夏季可敷一薄层纱布以防蝇的舐食，冬季则要用药棉和纱布一起包扎以防冻伤不易愈合。

骨折和脱臼

关键技术

诊断： 不爱运动，强迫兔运动时，受伤肢不能用力，拖地前行；腰部脊柱拉伤时，兔趴地不动，腰部塌陷，即使强迫也不运动，严重时双后肢瘫痪。长骨骨折时，用手触摸可感觉到骨骼的断裂。

防治： 捕捉不可用力过大、过猛，不同性别、年龄的兔最好分养，防止犬和猫的追咬。治疗时，用手感觉着将断骨拉正对好，用竹片或树皮夹好，再用绷带捆扎固定；开放性骨折时，先要处理好伤口，再按上述方法进行包扎固定。

由于捕捉时按压或牵拉用力过大和过猛、兔之间厮打、其他动物追咬等情况下造成长骨，尤其是四肢骨的断裂，称为骨折。脱臼则是由于相同的原因使形成关节的两端骨骺间分离，只有起固定作用的韧带和肌肉相连。

（一）诊断要点

兔发生骨折和脱臼时不爱运动，发生在某一肢，强迫兔运动时，可见此肢不能用力，拖地前行；由于按压或牵拉使腰部脊柱拉伤时，兔趴地不动，腰部塌陷，即使强迫也不运动，严重时双后肢瘫痪。另外，长骨骨折时，用手触摸可感觉到骨骼的断裂端或骨碴。

（二）防治

捕捉时不可用力过大、过猛，不同性别、年龄的兔最好分养，防止犬和猫的骚扰。治疗时，用手感觉着将断骨拉正对好，用两根竹片或树皮夹好，再用绷带捆扎固定。如为开放性骨折，先要处理好伤口（同外伤处理），再按上述方法进行包扎固定。幼兔一般经过 10 天，大兔 20 天后即可拆除绷带。肢体脱臼的商品兔可继续饲养至出售，种用兔要淘汰；腰部拉伤的种用或商品用兔最好淘汰。

结膜炎

关键技术

诊断：结膜潮红、肿胀，眼内有分泌物，严重时可转为脓性。侵害角膜时可引起角膜混浊、溃疡、穿孔，可继发全眼球炎甚至失明。

防治：保持笼舍清洁卫生，防止异物刺激，饲喂富含维生素A的饲料，积极防治原发病。发病时可用2% ～3%硼酸液洗眼，严重时可应用抗生素或磺胺类药物进行全身治疗。

本病是指由于受到尘土、草屑、兔毛等异物落入眼内的机械性刺激，化学物质如福尔马林等刺激，紫外线的直接照射，传染病如传染性鼻炎，内科病如维生素 A 缺乏症和寄生虫病如吸吮线虫等的作用引起的眼睑结膜、眼球结膜的炎症，是眼病中最容易发生的一种疾病。

（一）诊断要点

有接触化学物质如氨气、福尔马林的病史，如是机械性刺激可能发现异物，如是继发性还要伴有原发病症状。主要表现结膜潮红、肿胀，眼内有浆液性或黏液性分泌物，严重时可以转为脓性，眼睑由于分泌物变干而黏连、闭合。侵害角膜时可引起角膜混浊甚至溃疡、穿孔，可继发全眼球炎，严重时可造成家兔失明。

（二）防治

1. **预防**　保持笼舍清洁卫生，防止强烈日光直射，防止有刺激性的消毒药物侵蚀到眼睛，经常饲喂富含维生素 A 的饲料，如胡萝卜、南瓜、黄玉米及青草等，积极防治原发病。

2. **治疗**　用 2% ~ 3% 硼酸液或 0.01% 新洁尔灭洗眼，除去异物后，用 0.5% 金霉素眼药水或 1% 新霉素眼药水液点眼。分泌物多时，选用 0.25% 硫酸锌眼药水滴眼；角膜混浊者，可涂 1% 黄氧化汞软膏，重症者可配合应用抗生素或磺胺类药物进行全身治疗。

七、兔的产科病

乳房炎

关键技术

诊断：拒绝哺乳，乳腺外观红肿，触摸硬实、发热、兔有痛感，若发生化脓性炎症时，排出淡黄色或黄色脓汁，体温升高。

防治：保持环境清洁卫生、无尖锐异物，定期消毒，及时处理乳房外伤，合理搭配日粮。发病时用青霉素20万单位与0.25%盐酸普鲁卡因注射液5毫升混合封闭注射，化脓时尽早切开排脓，用3%双氧水冲洗创面，然后向创腔内注入青霉素和链霉素各5万～10万单位，包扎即可。

乳房炎是由于哺乳母兔乳头外伤，或乳汁分泌不足，子兔饥饿而咬伤乳头，导致细菌感染而发炎；泌乳过多、过稠，子兔吃不完或乳汁排出不畅，乳汁在乳房内长时间蓄积，引起乳房肿胀，细菌侵入而感染发病。多发生在产后5～20天的哺乳母兔。

（一）诊断要点

兔患乳房炎时精神不振、食欲减退、运动困难、拒绝哺乳，乳腺外观红肿，触膜硬实、发热，兔有痛感，有时局部变成蓝紫色，又称蓝乳房病，排出的乳汁呈乳清样，含絮状物，严重时可发生化脓性炎症，排出淡黄色或黄色脓汁，此时病兔可能出现全身症状，体温升高可达40℃以上，进一步发展时可引起败血症。

（二）防治

1. **预防**　保持笼舍和运动区的清洁卫生，定期消毒；清除周围环境中的尖锐异物以防划伤乳房；乳房有外伤时要及时处理，在哺乳期可以在进行治疗的同时用纱布覆盖，以防子兔咬食感染；母兔产前应控制精料饲喂量，产后应根据哺乳子兔数的多少及哺乳情况相应供给精料，以防乳汁形成过多而在乳房蓄积引发本病。

2. **治疗**　兔发病后应立即停止哺乳。症状较轻时，可轻轻挤出患病乳房内的乳汁，局部涂以消炎软膏如10%鱼石脂软膏、10%樟脑软膏或碘软膏等，同时肌肉注射青霉素10万~20万单位，每天2次，连用3~5天。疼痛严重时，应用封闭疗法，将青霉素20万单位与0.25%盐酸普鲁卡因注射液5毫升混合，在患病乳房基部实质与腹壁之间的空隙入针作周边封闭注射，每天1次，连用3天。

乳房发生化脓性炎时，应尽早切开排脓，乳腺体溃烂的，应彻底摘除，然后用3%双氧水或0.1%高锰酸钾溶液冲洗创面，然后向创面撒布青霉素和链霉素粉针剂适量或向腔内注入青霉素和链霉素各5万~10万单位。全身症状严重时，可采取肌肉注射青霉素10万~20万单位，每天2次；复方新诺明（片剂，每片含增效剂TMP 0.08克、新诺明0.4克）内服，每千克体重30毫克，每天1次。

生殖器官炎症

关键技术

诊断：患阴部炎、睾丸炎时病变部红肿发热，触之兔有痛感，严重时化脓；阴道炎、子宫内膜炎时阴道流出污浊的分泌物，严重时有脓样，甚至带血的分泌物，体温升高。

防治：搞好清洁卫生，严禁带病交配，患阴部炎、睾丸炎用

0.1%高锰酸钾溶液清洗后涂抹碘甘油；患阴道炎、子宫内膜炎用生理盐水冲洗，皮下注射垂体后叶注射液1～2单位。同时每次肌肉注射青霉素5万～10万单位、链霉素10万单位，每天2次，用3～5天。

由于笼舍、地面、用具不卫生，兔身体脏污，在平时活动、交配、分娩、难产受损伤或锐物擦伤等情况下被细菌感染，发生阴部炎、阴道炎、子宫内膜炎及公兔的包皮炎和睾丸炎等，统称生殖器官炎症，也可继发于其他疾病。

（一）诊断要点

发病的部位和轻重程度不同可表现不同的临诊症状，比较轻时仅表现局部症状，而严重时则会表现出全身性症状，如精神不振、食欲减退、体温升高等。

阴部发生炎症时，公、母兔均拒绝配种。观察母兔阴部可见外阴唇潮红肿胀，有浆液性浸润，甚至溃疡、糜烂，肛门黏膜潮湿红肿，公兔表现为包皮红肿，触及有痛感，包皮内常有垢块，严重时排尿困难。

睾丸发生炎症时，可见睾丸肿胀，触之发热，兔有痛感，严重时化脓破溃、继发化脓性腹膜炎，不愿运动，并表现其他全身性症状。

阴道发生炎症时，可见从阴道流出污浊的分泌物，污染外阴部及周边的皮毛，排便时拱背表现痛感，阴道黏膜肿胀、充血，严重时则化脓、溃烂，由阴道流出脓样的，甚至带血的分泌物，表现出全身症状。

子宫内膜炎有急性和慢性之分。

（1）急性子宫内膜炎：多发生在配种时生殖器官直接接触感染、产后及流产后感染、难产损伤子宫时而发生的感染，也可继发于其他疾病，引起子宫化脓性炎症。全身症状明显，食欲减退或不食，体温升高，时常有排便动作又称努责，随同努责从阴道内排出带臭味、污秽的、红褐色黏液或脓性分泌物。

（2）慢性子宫内膜炎：多是由急性病治疗不及时或不彻底转化而来，其全身症状不明显，可周期性地从阴道内排出少量混浊黏液，不发情或即使发情也屡配不孕。剖检子宫内膜炎病例可见子宫内积有脓性渗出物或血样暗红色液体，有时子宫内还有死亡或已被吸收的胎儿组织或灰白色的凝乳块状物，子宫内膜出血，并有坏死或增厚的病灶。部分病兔可见子宫内黏稠的干酪样脓肿。诊断可根据阴道流出物和子宫内膜的炎性变化确诊。鉴定是何种原因引起的子宫内膜炎，要依据病史资料、发病特点和渗出物的性状进行综合分析，必要时可做微生物检查。李氏杆菌感染时，子宫渗出物多为暗红色；沙门氏杆菌感染时，病兔常伴有顽固性腹泻；继发感染病例，有时可见子宫内有黏稠干酪样脓肿。

（二）防治

1. **预防**　搞好笼舍的清洁卫生，定期消毒兔舍、笼具以及各种用具；配种前要检查公母兔是否患有生殖器官炎症，严禁带病交配，隔离治疗病兔，避免交配时互相感染。

2. **治疗**　患阴部炎时，可选用 0.1% 高锰酸钾溶液、3% 双氧水、0.1% 雷佛诺尔或 0.1% 新洁尔灭溶液冲洗，然后涂抹碘甘油（碘 1 份，甘油 9 份搅匀）、青霉素软膏或磺胺软膏等。

患睾丸炎时可用 2%～5% 盐水清洗，以加速水肿的消除。

患阴道炎时，为排出其内的分泌物，可用生理盐水、0.1% 高锰酸钾溶液、0.1% 雷佛诺尔、0.02% 新洁尔灭溶液或 1%～2% 碳酸氢钠溶液冲洗阴道，清洗所用的细管要光滑，并涂抹一些植物油或石蜡油，避免进一步的损伤，冲入的药液必须排出。

患子宫内膜炎时，除采取阴道炎的冲洗方法外，可皮下或肌肉注射垂体后叶注射液 1～2 单位，以促进子宫内分泌物的排出。

各病症除以上处理外，可同时每次肌肉注射青霉素 5 万～10 万单位、链霉素 10 万单位，每天 2 次，用 3～5 天。

不孕症

关键技术 ——————————————————————

诊断：母兔经多次配种或换用种公兔对其配种仍不能怀孕。

防治：保持饲料营养全价平衡，补饲适量青绿饲料。积极治疗生殖器官的炎症。经过加强饲养和治疗，仍不能改善其生育能力的种兔要淘汰，选留健壮、发育良好的兔作种用兔。治疗可补饲维生素E、维生素A、维生素D，皮下注射促卵泡素0.5～1毫升。

由于生殖器官炎症、营养不良所致的体质瘦弱、营养过剩致使的卵巢受到脂肪积压或脂肪化、人工受精方法不当、精液质量差、公兔比例过少等都可导致母兔不孕。

（一）诊断要点

母兔经多次配种不孕，发情无规律或不发情，检查母兔过肥或过瘦、生殖器官有无炎症等。此外公兔比例少、频繁配种、公兔有生殖器官炎症、精液少或质量差等也可影响受孕。

（二）防治

1. **预防** 调整兔饲料的营养水平，使其达到营养全价平衡，补饲适量青绿饲料。积极治疗生殖器官的炎症。如是人工受精，要正确掌握其方法。经过加强饲养和治疗，仍不能改善其生育能力的种兔要淘汰，选留健壮、发育良好的兔作种用兔。

2. **治疗** 要加强营养，增加饲料中的蛋白质饲料，补加维生素E、维生素A、维生素D，可选购市售产品按说明使用，根据兔体大小皮下注射促卵泡素0.5～1毫升或雌二醇1～2毫升。如有生殖器官炎症，要积极进行治疗并加强营养，久治不愈者可淘汰或转为肉用兔饲养。

流产

关键技术

诊断：怀孕母兔未到预产时间有衔草、拉毛、不安、间歇性排便动作，阴门流出水样或带血的液体等症状或产出胎儿。有惊吓、剧烈运动、按压捕捉等病史。

防治：加强饲养管理，积极治疗原发病如腹泻等，注意观察怀孕母兔，有流产征兆时可注射黄体酮。已流产时可肌肉注射青霉素、链霉素各10万单位，防止继发感染。淘汰习惯性流产的母兔。

由于长途运输、剧烈运动、惊吓、捕捉用力过大、兔之间的厮咬或营养不良、长期腹泻所致机体衰弱等导致怀孕母兔未到预产时间而产出胎儿的情况，称为流产。

（一）诊断要点

一般不易被发现。早期母兔精神不振、食欲减退，或可见衔草、拉毛，进而表现出不安、间歇性排便动作，阴门部流出水样或带血的液体，产出未发育完全的胎儿。

（二）防治

1. 预防　加强怀孕母兔的饲养管理，饲喂营养全价平衡的饲料。避免惊吓、减少捕捉，单独饲养，注意观察怀孕母兔。积极治疗原发病如腹泻等。

2. 治疗　一般难以发现要流产的兔，一旦发现就即将流产或已经流产，如发现有流产症状的孕兔较早，可适量注射黄体酮或保胎宁，对已经流产的母兔要加强营养和护理，并肌肉注射青霉素、链霉素各10万单位，防止继发感染。淘汰经常发生流产的母兔。

妊娠毒血症

关键技术

诊断：发生在妊娠后20天左右，一般兔体较为肥胖，精神沉郁，食欲减退，呼出的气体有烂苹果味，严重时拒食，有神经症状如惊厥、昏迷，或可能发生流产，直至死亡。

防治：孕前期保证饲料营养全价平衡，补喂适量青绿饲料，怀孕后期可在饲料中添加适量葡萄糖。注意观察，及时发现，快速治疗，可静脉注射25%～50%葡萄糖注射液20毫升、5%维生素C注射液2毫升，每天1次，连用3～5天。

本病多发生在母兔怀孕后期，一般认为，怀孕后期的母兔和胎儿对糖的需要量增加，如饲料中糖不足，极易造成体内缺糖，而妊娠兔要保证胎儿对糖的需要，同时由于长时间低血糖可引发中枢机能障碍，摄食减少，均加重低血糖，而一开始脂肪和蛋白质的代谢要加强进行补偿代谢，最终结果机体代谢紊乱，血糖浓度低于临界水平，血液及肝脏中脂类物质增加，出现一系列的临诊症状即妊娠毒血症。

（一）诊断要点

本病比较常见，死亡率高，经产兔发病率比初产兔高，怀孕母兔过于肥胖易发生本病。本病多发生于妊娠后 20 天左右，临诊症状差异很大，轻者无明显症状，严重者迅速死亡。

常见的症状为精神沉郁、食欲减退、呼吸困难，呼出的气体和排出的尿液有烂苹果味，排尿减少，继续发展则拒食，有神经症状如运动失调、惊厥、昏迷，可发生流产，直至死亡。剖检可见兔体肥胖，卵巢黄体增大，心、肝、肾等脏器颜色苍白。

（二）防治

1. 预防　怀孕期母兔的饲料内要有丰富蛋白质、矿物质、维生素、碳水化合物等，以保证营养全价平衡，补喂适量青绿饲料，防止过于肥胖。由于本病发病比较快、死亡率又较高，故在怀孕后期应注意观察，及时发现，快速治疗，同时可在饲料中添加适量葡萄糖以防止本病的发生。

2. 治疗　发生本病较轻时，可口服或静脉注射葡萄糖。静脉注射时可用 25% ~ 50% 葡萄糖 20 毫升，5% 维生素 C 注射液 2 毫升，每天 1 次，连用 3 ~ 5 天，同时肌肉注射地塞米松注射液 2 毫升，每天 1 次，效果明显。为延迟血糖的迅速降低，可在静脉注射后数小时再腹腔注射 10% ~ 20% 葡萄糖 20 毫升，供机体缓慢吸收利用。

产后瘫痪

关键技术 ──────────────────

　　诊断：多发生在产子后的最初几天，病兔表现后肢无力、跛行、拖曳，常卧伏于笼舍内，一般体温不升高。

　　防治：兔舍要干燥卫生、通风透光；饲料中添加维生素D制剂、1.5% ~ 2.5%骨粉；发病时可用10%葡萄糖酸钙5 ~ 10毫升静脉注射，每天1次，连用3 ~ 5天；口服鱼肝油丸，每次1丸，日服两次。

本病是由于孕期饲料营养水平低下，尤其是钙磷不足或比例不调、缺乏维生素 D，兔舍阴暗潮湿、缺乏光照和运动，加之产子数多、窝次多、泌乳量大等导致钙磷代谢障碍、血钙降低，而引发的产后以瘫痪为主要症状的疾病。

（一）诊断要点

本病多发生在母兔产子后的最初几天，病兔表现后肢无力，腰背发软下凹，进而出现四肢无力，后肢跛行、拖曳，常卧伏于笼舍内，精神不振，食欲减退或不食，可能出现便尿少或失禁的现象。

（二）防治

1. 预防　兔舍要干燥卫生、通风透光，饲料要营养全价平衡，尤其要满足维生素 D 和钙磷的需要及钙磷的平衡，可在饲料中使用维生素 D 添加剂，并添加 1.5% ~ 2.5% 骨粉，以预防钙磷的缺乏。适当减少产子数多的母兔的窝数，使其身体有足够的恢复期，保证孕期和生产时有一个良好的体况。

2. 治疗　发病兔可用 10% 葡萄糖酸钙 5 ~ 10 毫升静脉注射，每天 1 次，连用 3 ~ 5 天；口服鱼肝油丸，每次 1 丸，日服两次；采食减少时可用 50% 葡萄糖 20 毫升、生理盐水 30 毫升、维生素 C 注射液 2 毫升、维生素 B_1 和维生素 B_2 注射液各 2 毫升混合，静脉输入，每天 1 次；为防止便秘，可灌服植物油或蜂蜜 10 ~ 20 毫升；注意卫生、勤换垫草、协助哺乳，以防阴部炎、乳房炎、皮炎的发生。

无乳和缺乳

关键技术

诊断：营养不良性缺乳，母兔消瘦，乳房瘪小，挤不出乳或乳很少；营养过剩和炎症所致乳少或无乳时乳房红肿。子兔吃不饱，追赶母兔吮乳，长期吃不饱则逐渐消瘦、发育不良。

防治：保证饲料营养全价平衡，选用适龄、母性好、泌乳充足的兔作种兔，淘汰乳房炎病兔，积极治疗原发病。发病时可皮下或肌肉注射垂体后叶注射液，每兔1次2～5单位，皮下或肌肉注射。

主要是母兔在怀孕和哺乳期，饲喂不足、饲料营养低下致使乳汁形成和分泌不足，或怀孕后期过量饲喂含蛋白质和脂类物质较高的精料，使初期的乳汁量大、过稠，堵塞乳腺泡，导致缺乳；母兔患有乳腺疾病或某些急性、热性传染病也可引起无乳；内分泌失调及过早交配时乳腺发育不全或母兔年龄过大时乳腺萎缩等均可引起无乳。

（一）诊断要点

母兔不愿哺乳。营养不良性缺乳，母兔消瘦，乳房瘪小，挤不出乳或乳很少；营养过剩时乳汁量大、过稠，堵塞乳腺泡所致缺乳，乳房肿胀发热；配种时母兔过小或过大及内分泌不正常缺乳时乳房较小，含乳量少；急性、热性传染病时乳房有或无炎症，乳少或无乳；乳房有炎症时乳房红肿，乳少或无乳。子兔吃不饱，追赶母兔吮乳，长期吃不饱则逐渐消瘦、发育不良，如不替代哺乳，最后饥饿而死。

（二）防治

1. 预防　加强饲养管理，保证饲料营养全价平衡，增加日粮中的青绿饲料，防止过早配种，淘汰过老母兔，选育母性好、泌乳充足的兔作种兔，积极防治传染病和乳房炎，淘汰频发乳房炎兔；缺乳或无乳时，做好子兔的替代哺乳。

2. 治疗　对发病兔可给其内服催乳灵片，每天1次1片，连用3～5天；激素治疗，皮下或肌肉注射垂体后叶注射液每兔1次2～5单位，或肌肉注射苯甲酸雌二醇0.5～1毫升。积极治疗原发病，可参照相应疾病的治疗。

阴道和子宫脱出

关键技术

诊断：阴道不全脱，脱出部分较小，可自行缩回；全脱时，脱出部分呈短柱状红色，不能缩回。子宫套叠和脱出多发生在产后，前者时兔常拱背做排尿姿势，阴门无脱出物，后者可见脱出物球柱状或类似肠管，但表面有很多横褶。

　　防治： 加强饲养管理，饲料营养水平全价平衡，避免产子时的外界刺激。发病时可用0.1%高锰酸钾液清洗，用手助其复位。无法整复或有损伤时，可使用子宫切除术。同时肌肉注射青霉素、链霉素各5万～10万单位，每天2次，连用3～5天。

　　所谓阴道脱出是指阴道一部分或全部突出于阴门外，此病可发生在产前和产后。子宫角前端翻入子宫腔或阴道内则称子宫套叠，如子宫全部翻转脱出于阴门外，称子宫脱出，多发生于产子后数小时内。

　　（一）诊断要点

　　阴道不全脱，即阴道脱出部分较小，当一手抓住双耳和前背部皮肤提起时看到脱出部分呈球形，而另一只手同时拖起其臀部，使兔臀稍高于头部仰卧时脱出部分可缩回；阴道全脱时，脱出部分呈短柱状红色，不能缩回，如不及时治疗，脱出的阴道黏膜暴露于外界过久，可出现淤血、水肿，甚至损伤、发炎及坏死。子宫套叠时，病兔时常拱背、举尾、频频努责，做排尿姿势，有时排出少量粪尿，阴门外见不到脱出物。子宫全脱时，脱出物球柱状或类似肠管，但表面有很多横褶，整体呈红色，时间长时则呈紫红色、青色，黏膜水肿、出血。

　　（二）防治

　　1. 预防　加强饲养管理，饲喂料量充足，饲料营养水平全价平衡，增加活动场地，促进其运动，以使母兔有良好健壮的身体。产子时减少外界刺激，尤其产子后，由于子宫尚未完全收缩，子宫颈口仍然开张，子宫体、子宫角容易翻转脱出，更应避免环境影响；积极治疗腹泻等疾病，防止引发本病。

　　2. 治疗　无论阴道或子宫脱出，用一手抓住双耳和前背部皮肤将兔提起、一手抓拖臀部及皮肤，使其头向上呈45度角仰卧，用0.1%高锰酸钾液、0.1%新洁尔灭液或3%明矾水清洗消毒后，再以同样抓取方式使兔臀稍高于头部仰卧平躺，采取下列方法助其脱出部位恢复。

　　阴道脱出轻者，可用消毒液洗手后用手指轻轻按压慢慢送回使其复位。

重者可于整复后，在阴门周围做荷包缝合，但要松紧适度，以不影响排尿为宜。

子宫套叠时，可向子宫内注入灭菌生理盐水，用手指轻柔，借助水的压力使其复位。子宫全脱时，在努责间歇期，用手指向内推压，依次内翻，直至把子宫推入产道乃至腹腔内，复位不全时也可向子宫内注入灭菌生理盐水（加适量青霉素、链霉素），用手指轻柔，借助水的压力使其复位。

脱出的子宫无法整复或有大的损伤时，可使用子宫切除术，即用丝线在靠近阴门处结扎，在结扎线外侧 2 ~ 3 厘米处切掉子宫，撒布青霉素、链霉素药粉后送回阴道内，整复后为了防止复发，可对阴门进行荷包缝合，要松紧适度，以不影响排尿为宜，数日后拆线，患兔留作育肥肉用。

采用以上手术后，可每次肌肉注射青霉素、链霉素各 5 万 ~ 10 万单位，每天 2 次，连用 3 ~ 5 天，以防止继发感染。

八、兔的中毒病

霉

在暖湿条件下，多种霉菌可在草料内生长繁殖并产生大量的毒素，从而使草料发霉变质，兔由于采食了发霉的草料而引起相应的临诊症状，称为霉菌中毒。

（一）诊断要点

1. 症状　草料的霉变一般是由多种霉菌共同作用的结果，所以，临诊上常不能确诊是何种霉菌毒素中毒，但均以消化机能障碍和神经症状为主要特征。

一般在采食霉变草料后很快就出现中毒症状，精神不振，食欲降低，进而流涎、腹泻、粪便恶臭并混有黏液或血液，由于炎症反应而体温升高，呼吸加快，同时出现神经症状，走路不稳或倒地不起，有时出现转圈运动或头后仰全身僵直，最后衰竭死亡。一般抗菌药物治疗无效，妊娠母兔常引起流产或死胎。

2.病变 肝脏肿大或萎缩，表面呈浅黄色，质地脆，肺表面有大小不等的灰黄色病变区，脾、肺、肾脏、心肌、肝有出血点，胃肠道充血、出血，肠黏膜脱落。

（二）防治

1.预防 保持兔舍清洁、干燥、卫生，加强对草料的保管，草料要晾晒或干燥后方可贮存，暖湿季节要注意料库的通风，草料的翻晾，防止霉变变质，如发现草料霉变，严禁饲喂，以防发生中毒。

2.治疗 发现病兔后，要立即查明是否有饲喂霉变饲料，同时结合临诊症状可怀疑本病。如发现霉变饲料，有霉菌饲料中毒症状，要立即停喂发霉饲料，使用缓泻药物清除肠道内容物，可口服5%硫酸镁30～50毫升，同时静脉注射10%葡萄糖10毫升、维生素C 5毫升，以补充体液、能量，提高机体抵抗力。无其他有效疗法。同群的症状较轻和无症状的兔还可试服灰黄霉素，每千克体重25毫克，每天1次，连用5～7天，抑制或消灭消化道内霉菌。

亚硝酸盐中毒

关键技术

　　诊断：发病突然，有饲喂堆放时间过长的多汁鲜嫩饲料的病史，呼吸急促、心跳加快，可视黏膜、四肢及耳部呈紫色，肢端和耳部发凉，病死兔尸体软而不僵，血液呈酱油色，不能完全凝固。

　　防治：多汁鲜嫩的饲料要新鲜饲喂，发病后要立即停喂原来的饲料，用1%亚甲蓝溶液，按兔每千克体重2～3毫升静脉注射。

主要是各种鲜嫩的青草、白菜、甜菜、玉米苗等多汁鲜嫩饲料中含有大量的硝酸盐，采集后堆放时间过长或雨淋后日晒，硝化细菌使饲料中的硝酸盐转化为亚硝酸盐，此种饲料被兔采食后表现出相应的临诊症状，称亚硝酸盐中毒。

（一）诊断要点

1. 症状 采食含有亚硝酸盐的饲料后，亚硝酸盐可迅速被吸收而进入血液，使血红蛋白丧失携带和释放氧的能力而中毒。

采食快而量大时一般是突然发病，发病前精神状态良好，食欲旺盛，突然表现出不安，站立不稳，倒地死亡；多数是采食过程中或采食后十几分钟便表现出临诊症状，呕吐、腹泻、起卧不安、呼吸急促、心跳加快，可视黏膜、四肢及耳部呈紫色，肢端和耳部发凉，全身肌肉震颤，最后强直性痉挛直至死亡。

2. 病变 病死兔尸体软而不僵，各组织器官淤血，胃肠黏膜充血、出血，肝脏肿大、淤血，心内外膜出血，肺充血水肿，血液因缺氧而呈酱油色、不能完全凝固。

（二）防治

1. 预防 用各种鲜嫩的青草、白菜、甜菜、玉米苗等多汁鲜嫩饲料喂兔时，一定要保证新鲜，如一时不能用完，可将饲草摊开晾置，不要长时间堆放。

2. 治疗 兔发病后要立即停喂原来的饲料，用1%亚甲蓝又称美蓝溶液，按每千克体重2～3毫升静脉注射，或用甲苯胺蓝按每千克体重使用5毫克配成5%的溶液静脉注射、肌肉注射或腹腔注射。

氢氰酸中毒

关键技术

诊断： 有采食含氰甙类饲料的病史，腹痛不安，可视黏膜呈现樱桃红色，呼出的气体有苦杏仁味儿，血液呈鲜红色，血液凝固不良。

防治： 禁喂含氰甙类饲料。木薯、生的亚麻子饼等必要时需先浸泡几天，后敞盖煮熟脱毒后方可饲喂。发病时应立即治疗，用亚硝酸钠10～50毫克配成5%的溶液静脉注射，然后用5%～10%硫代硫酸钠5～10毫升静脉注射。

高粱苗、玉米苗以及桃、李、杏、梅、樱桃等的叶子和木薯、生的亚麻子饼等富含氰甙类物质，兔采食了这些饲料后，在胃液内的酶和盐酸或植物本身所含氰糖酶的作用下可产生游离的氢氰酸而呈现剧毒作用，从而表现出相应的临诊症状，称氢氰酸中毒。

（一）诊断要点

1. 症状 发病前精神状态良好，采食正常，一般在采食含氰甙类饲料后十几分钟便表现出临诊症状，腹痛不安、呼吸困难、口流白色泡沫状的液体、下痢、行走不稳，可视黏膜呈现樱桃红色，呼出的气体有苦杏仁味儿，瞳孔散大，肌肉痉挛，直至死亡。

2. 病变 全身各组织器官淤血，流出的血液呈鲜红色，血液凝固不良，有苦杏仁味儿。

（二）防治

1. 预防 禁止饲喂高粱苗、玉米苗以及桃、李、杏、梅、樱桃等的叶子和木薯、生的亚麻子饼等饲料。若以木薯作饲料时，应先水浸4～6天，每天换水1次，然后不盖锅盖煮熟，放凉后方可饲用；以亚麻子饼作饲料时，先经过浸泡，然后将其蒸或煮熟，放凉后才能饲喂。

2. 治疗 本病发病很急，发现病兔应立即采取治疗措施，可同时静脉注射5%～10%硫代硫酸钠3～5毫升和1%美蓝注射液3～5毫升，每隔4小时1次。也可用亚硝酸钠10～50毫克配成5%的溶液静脉注射，然后用5%～10%硫代硫酸钠5～10毫升静脉注射。维持治疗可用10%葡萄糖注射液3～5毫升静脉注射，以增强肝脏的解毒功能。

有机磷中毒

关键技术

诊断：流涎、呕吐、肌肉震颤、粪便稀软，间或兴奋不安，可视黏膜苍白，瞳孔缩小。轻度中毒病例只表现流涎和腹泻。病变可见胃肠黏膜充血、出血，黏膜易脱落。

防治：禁喂有或怀疑有机磷农药残留或污染的料草，保管好农药，驱虫使用时，要严格剂量和方法。中毒时迅速用解磷定，以每千克体重15毫克剂量静脉或皮下注射。

由于饲草、青菜、树叶、农作物等的有机磷农药残留或污染，装过有机磷农药的容器未经清洗便盛装饲料、饮水，用喷过有机磷农药的喷雾器喷水或消毒，用浓度过大或量过多的有机磷农药驱杀体内外寄生虫等，都有可能使兔接触、吸入或食入而导致中毒。该病以瞳孔缩小、肌纤维震颤和中枢神经系统机能紊乱为特征。

（一）诊断要点

1.症状　由于各种原因使得药物进入机体后很快便出现症状，流涎、呕吐、腹痛、粪便稀软，尿失禁或尿潴留，心跳加快，呼吸困难，间或兴奋不安，肌肉震颤，牙关紧闭，颈部强直，甚至全身抽搐，角弓反张，可视黏膜苍白，瞳孔缩小，最后陷于昏迷，因呼吸中枢麻痹而死亡。轻度中毒病例只表现间歇性的肌肉震颤、流涎和腹泻。

2.病变　胃肠黏膜充血、出血、肿胀，黏膜易脱落，肺充血水肿。根据有无农药接触史、临诊症状等可确诊。

（二）防治

1.预防　禁止饲喂喷洒过有机磷农药尚有残留的植物，有专用的盛水、料的容器和喷洒消毒液的喷雾器，用有机磷类药物进行体内外杀虫时，应严格剂量、浓度和方法，用药后要加强护理，严防舔食。

2.治疗　发现中毒后，要即刻阻止药物继续进入体内，并迅速用特效解毒剂解毒，同时采取对症疗法治疗。

早期或症状较轻时可用0.1%硫酸阿托品，每只兔每次皮下注射1～2毫升，3～4小时后重复注射1次；中毒较深时可用解磷定或双复磷以每千克体重15～30毫克剂量静脉或皮下注射，1～2小时未见症状减轻时可重复用药1次，若症状减轻可半量重复用药1次。

采取以上措施的同时，可混合静脉注射5毫升维生素C注射液和10%葡萄糖注射液3～5毫升，以促进康复。

附录

主要传染病及相关疫苗的应用

1. 兔瘟　用兔病毒性出血症组织灭活苗或兔瘟巴氏杆菌二联苗，用于30日龄以上断奶子兔的初免，每只兔皮下注射1毫升，7天后产生免疫力，以后每4～6个月免疫1次。发生疫情时，可用兔病毒性出血症组织灭活苗对未发病的家兔采取紧急注射，3～7天内可有效地控制疫情。

也可使用兔瘟魏氏梭菌二联苗或兔瘟巴氏杆菌魏氏梭菌三联苗，用于30日龄以上断奶子兔的初免，每只兔皮下注射1.5毫升，7天后产生免疫力，以后每4～6个月免疫1次。

2. 巴氏杆菌病　用巴氏杆菌灭活苗，30日龄以上家兔初免，每只兔皮下注射1毫升，7天后产生免疫力，以后每4～6个月免疫1次。

也可使用兔巴氏杆菌魏氏梭菌二联苗，用于20～30日龄子兔的初免，每只兔皮下注射1毫升，30日龄后每只兔皮下注射2毫升，7天后产生免疫力，以后每4～6个月免疫1次。

也可使用巴氏杆菌兔瘟二联苗注射，30日龄以上初免，7天后产生免疫力，每4～6个月免疫1次。

也可以使用巴氏杆菌波氏杆菌二联苗，母兔怀孕1周后免疫1次，子兔25～30日龄初免，7天后产生免疫力，每4～6个月免疫1次。主要用于预防兔巴氏杆菌、波氏杆菌引起的呼吸道疾病。

也可使用兔瘟巴氏杆菌二联苗或兔瘟巴氏杆菌魏氏梭菌三联苗，使用方法与本节兔瘟项下此两种苗的使用方法相同。

3. **魏氏梭菌性下痢** 用魏氏梭菌性肠炎灭活苗,30 日龄以上的兔初免,每只兔皮下注射 1 毫升,7 天后产生免疫力,每 4 ~ 6 个月免疫 1 次。

也可以使用兔巴氏杆菌魏氏梭菌二联苗,见本节巴氏杆菌项下。

也可使用兔瘟魏氏梭菌二联苗或兔瘟巴氏杆菌魏氏梭菌三联苗,见本节兔瘟项下。

4. **兔痘** 用巴氏杆菌兔痘二联苗注射,见本节巴氏杆菌项下。紧急预防注射时可使用牛痘苗进行接种。

5. **传染性黏液瘤病** 用兔黏液瘤兔肾细胞弱毒苗,35 日龄以上的子兔初免,每只兔皮下或肌肉注射 1 毫升,4 天后产生免疫力,每年免疫 1 次。

6. **支气管败血波氏杆菌病** 用支气管败血波氏杆菌灭活苗,怀孕兔产前 2 ~ 3 周免疫 1 次,25 ~ 30 日龄子兔初免,每只兔皮下或肌肉注射 1 毫升,7 天后产生免疫力,每隔半年免疫 1 次。

也可使用巴氏杆菌波氏杆菌二联苗,见本节巴氏杆菌项下。

7. **伪结核病** 用兔伪结核病灭活苗,断乳前 1 周的子兔初免,每只兔皮下或肌肉注射 1 毫升,7 天后产生免疫力,每隔半年免疫 1 次。

8. **沙门氏菌病** 用沙门氏菌病疫苗,怀孕前或怀孕期母兔免疫 1 次,断乳前 1 周子兔初免,每只兔皮下或肌肉注射 1 毫升,7 天后产生免疫力,每隔半年免疫 1 次。

9. **假单孢菌感染** 用绿脓假单孢菌多价灭活苗,注射后 7 天产生免疫力,每隔半年免疫 1 次;也可使用假单孢菌巴氏杆菌波氏杆菌三联苗。

10. **大肠杆菌病** 用兔大肠杆菌灭活苗,20 ~ 30 日龄子兔初免,7 天后产生免疫力,每隔 4 个月免疫 1 次。

注意:预防某种病使用的是单苗,在其免疫期内或很短时间内使用联苗预防另一种病时,此联苗最好不含有预防前一种病的疫苗,反之亦然,如必须应用时要进行抗体检测,以免影响免疫效果。

主要疾病的预防程序

1.1 月龄 使用药物预防的疾病主要有球虫病、大肠杆菌病。需要接种疫苗预防的疾病主要有支气管败血波氏杆菌病、伪结核杆菌病、沙门氏杆菌病。

2.2 月龄 主要应用疫苗预防兔瘟、巴氏杆菌、魏氏梭菌三种病，可使用兔瘟巴氏杆菌魏氏梭菌三联苗同时预防三种病，也可用这三种病的单苗接种预防。

3.5 月龄 主要预防消化道寄生虫，可应用丙硫苯咪唑（每千克体重20毫克）或左旋咪唑（每千克体重10毫克），以后每6个月左右进行一次驱虫。

防治各传染病的疫苗的重复或加强免疫的时间可参见"主要传染病及相关疫苗的应用"项下内容。

配种时主要检查有无患兔密螺旋体病，患病时禁止交配，并进行隔离治疗。患有其他生殖道疾病时也应暂停交配并进行治疗。哺乳期主要防治乳房炎。

平时主要是加强饲养管理，定时消毒，注意防治其他疾病和体外寄生虫病如疥螨病等。

常用药物配伍禁忌

1. **青霉素配伍禁忌** 氧化性药物、酸性药液、高浓度甘油及酒精、重金属盐类。

2. **链霉素配伍禁忌** 氧化性及还原性药物、酸性及碱性药物。

3. **四环素类配伍禁忌** 碱性药物、生物碱沉淀剂。

4. **磺胺类药物配伍禁忌** 酸类药物、普鲁卡因、氯化铵、氯化钙、葡萄糖酸钙注射液。

5. **氯化钙配伍禁忌** 碳酸氢钠、碳酸钠、碳酸镁、硫酸镁。

6. **维生素 C 配伍禁忌** 氧化性药物、碱性药物、磺胺类钠盐、重金属盐制剂、乌洛托品。

7. **维生素 K 配伍禁忌** 还原性药物、碱性药物、含卤素制剂。

8. **安乃近配伍禁忌** 酸类药物、奎宁制剂。

9. **水杨酸钠配伍禁忌** 无机酸类、碱类、重金属盐制剂、奎宁制剂。

10. **咖啡因及安钠咖配伍禁忌** 酸性及碱性药物、含奎宁制剂。

11. **普鲁卡因配伍禁忌** 磺胺类药物、酸性盐、碱类制剂、氧化性药物。

12. **肾上腺素配伍禁忌** 氧化性药物、碱类制剂、碘酊。

13. **去甲肾上腺素硫酸阿托品配伍禁忌** 鞣酸、碱类制剂、三氯化铁、洋地黄制剂、碘和碘制剂。

14. **醋酸可的松配伍禁忌** 碱性或强酸药物、卡那霉素、利尿素、四环素。

15. **乌洛托品配伍禁忌** 酸性药物及酸性盐。

16. **胃蛋白酶配伍禁忌** 酒精、强酸、碱、重金属盐。

17. **碳酸氢钠配伍禁忌** 酸及酸性盐类、生物碱、次硝酸、镁盐、钙盐、重金属盐。

18. **次硝酸铋配伍禁忌** 碳酸盐类、鞣酸及其含有物。

19. **呋喃苯氨酸配伍禁忌** 酸性药物及酸性盐、含钙制剂。

20. **高锰酸钾配伍禁忌** 有机物如甘油、酒精、吗啡等、氨及氨制剂、鞣酸、药用碳。

21. **碘解磷定配伍禁忌** 碱性药物。

22. **九一四配伍禁忌** 酸类、生物碱类、镁盐、重金属盐。

23. **四咪唑配伍禁忌** 碱类。

24. **敌百虫配伍禁忌** 碱类。

注意：未列出的许多常用药物，用药时可参见常用药物和各病防治内容，其中未列出的药物均按市售产品说明应用或遵医嘱。注意产品质量和配伍禁忌。

下面是一些常用药物的化学性分类：

氧化性药物如高锰酸钾、双氧水、碘、漂白粉等。

还原性药物如碘化物、硫代硫酸钠。

重金属盐如汞盐、银盐、铜盐、铁盐、锌盐等。

酸类药物如稀盐酸、醋酸、硼酸、鞣酸、乳酸等。

药液显酸性的药物如葡萄糖、糖盐水、葡萄糖酸钙注射液、氯化钙、氯化氨、硫酸镁、硫酸阿托品、水合氯醛、盐酸肾上腺素、盐酸氯丙嗪、盐酸金霉素、盐酸土霉素、盐酸普鲁卡因等。

有机酸盐类如水杨酸钠、醋酸钠等。

生物碱沉淀剂如氢氧化钠、碘、鞣酸、重金属制剂等。

生物碱类药物如阿托品、安钠咖、肾上腺素、毛果芸香碱、普鲁卡因、利尿素等。

药液显碱性的药物如安钠咖、碳酸氢钠、氨茶碱、磺胺嘧啶钠、乌洛托品等。